住房和城乡建设部标准定额研究所　　　　建设工程造价技术资料

通用安装工程消耗量

TY 02-31-2021

第七册　通风空调安装工程

TONGYONG ANZHUANG GONGCHENG XIAOHAOLIANG

DI-QI CE TONGFENG KONGTIAO ANZHUANG GONGCHENG

中国计划出版社

北　京

图书在版编目（CIP）数据

通用安装工程消耗量 ： TY02-31-2021. 第七册，通
风空调安装工程 / 住房和城乡建设部标准定额研究所组
织编制. -- 北京 ： 中国计划出版社，2022.2
ISBN 978-7-5182-1405-1

Ⅰ. ①通… Ⅱ. ①住… Ⅲ. ①建筑安装－消耗定额－
中国②通风设备－设备安装－消耗定额－中国③空气调节
设备－设备安装－消耗定额－中国 Ⅳ. ①TU723.3

中国版本图书馆CIP数据核字(2022)第002775号

责任编辑:张　颖　　　　封面设计:韩可斌
责任校对:杨奇志　谭佳艺　　责任印制:赵文斌　李　晨

中国计划出版社出版发行

网址:www.jhpress.com

地址:北京市西城区木樨地北里甲 11 号国宏大厦 C 座 3 层

邮政编码:100038　电话:(010)63906433(发行部)

北京市科星印刷有限责任公司印刷

880mm×1230mm　1/16　7.5 印张　224 千字

2022 年 2 月第 1 版　2022 年 2 月第 1 次印刷

定价:55.00 元

前　言

工程造价是工程建设管理的重要内容。以人工、材料、机械消耗量分析为基础进行工程计价，是确定和控制工程造价的重要手段之一，也是基于成本的通用计价方法。长期以来，我国建立了以施工阶段为重点，涵盖房屋建筑、市政工程、轨道交通工程等各个专业的计价体系，为确定和控制工程造价、提高我国工程建设的投资效益发挥了重要作用。

随着我国工程建设技术的发展，新的工程技术、工艺、材料和设备不断涌现和应用，落后的工艺、材料、设备和施工组织方式不断被淘汰，工程建设中的人材机消耗量也随之发生变化。2020年我部办公厅发布《工程造价改革工作方案》（建办标〔2020〕38号），要求加快转变政府职能，优化概算定额、估算指标编制发布和动态管理，取消最高投标限价按定额计价的规定，逐步停止发布预算定额。为做好改革期间的过渡衔接，在住房和城乡建设部标准定额司的指导下，我所根据工程造价改革的精神，协调2015年版《房屋建筑与装饰工程消耗量定额》《市政工程消耗量定额》《通用安装工程消耗量定额》的部分主编单位、参编单位以及全国有关造价管理机构和专家，按照简明适用、动态调整的原则，对上述专业的消耗量定额进行了修订，形成了新的《房屋建筑与装饰工程消耗量》《市政工程消耗量》《通用安装工程消耗量》，由我所以技术资料形式印刷出版，供社会参考使用。

本次经过修订的各专业消耗量，是完成一定计量单位的分部分项工程人工、材料和机械用量，是一段时间内工程建设生产效率社会平均水平的反映。因每个工程项目情况不同，其设计方案、施工队伍、实际的市场信息、招投标竞争程度等内外条件各不相同，工程造价应当在本地区、企业实际人材机消耗量和市场价格的基础上，结合竞争规则、竞争激烈程度等参考选用与合理调整，不应机械地套用。使用本书消耗量造成的任何造价偏差由当事人自行负责。

本次修订中，各主编单位、参编单位、编制人员和审查人员付出了大量心血，在此一并表示感谢。由于水平所限，本书难免有所疏漏，执行中遇到的问题和反馈意见请及时联系主编单位。

住房和城乡建设部标准定额研究所

2021年11月

总　说　明

一、《通用安装工程消耗量》共分十二册,包括:

第一册　机械设备安装工程

第二册　热力设备安装工程

第三册　静置设备与工艺金属结构制作安装工程

第四册　电气设备与线缆安装工程

第五册　建筑智能化工程

第六册　自动化控制仪表安装工程

第七册　通风空调安装工程

第八册　工业管道安装工程

第九册　消防安装工程

第十册　给排水、采暖、燃气安装工程

第十一册　信息通信设备与线缆安装工程

第十二册　防腐蚀、绝热工程

二、本消耗量适用于工业与民用新建、扩建工程项目中的通用安装工程。

三、本消耗量在《通用安装工程消耗量定额》TY 02-31-2015 基础上,以国家和有关行业发布的现行设计规程或规范、施工及验收规范、技术操作规程、质量评定标准、产品标准和安全操作规程、绿色建造规定、通用施工组织与施工技术等为依据编制。同时参考了有关省市、部委、行业、企业定额,以及典型工程设计、施工和其他资料。

四、本消耗量按照正常施工组织和施工条件,国内大多数施工企业采用的施工方法、机械装备水平、合理的劳动组织及工期进行编制。

1. 设备、材料、成品、半成品、构配件完整无损,符合质量标准和设计要求,附有合格证书和检验、试验合格记录。

2. 安装工程和土建工程之间的交叉作业合理、正常。

3. 正常的气候、地理条件和施工环境。

4. 安装地点、建筑物实体、设备基础、预留孔洞、预留埋件等均符合安装设计要求。

五、关于人工:

1. 本消耗量人工以合计工日表示,分别列出普工、一般技工和高级技工的工日消耗量。

2. 人工消耗量包括基本用工、辅助用工和人工幅度差。

3. 人工每工日按照 8 小时工作制计算。

六、关于材料:

1. 本消耗量材料泛指原材料、成品、半成品,包括施工中主要材料、辅助材料、周转材料和其他材料。本消耗量中以"(×××)"表示的材料为主要材料。

2. 材料用量:

(1)本消耗量中材料用量包括净用量和损耗量。

(2)材料损耗量包括从工地仓库运至安装堆放地点或现场加工地点运至安装地点的搬运损耗、安装操作损耗、安装地点堆放损耗。

(3)材料损耗量不包括场外的运输损失、仓库(含露天堆场)地点或现场加工地点保管损耗、由于材料规格和质量不符合要求而报废的数量;不包括规范、设计文件规定的预留量、搭接量、冗余量。

3. 本消耗量中列出的周转性材料用量是按照不同施工方法、考虑不同工程项目类别、选取不同材料规格综合计算出的摊销量。

4. 对于用量少、低值易耗的零星材料,列为其他材料。按照消耗性材料费用比例计算。

七、关于机械:

1. 本消耗量施工机械是按照常用机械、合理配备考虑,同时结合施工企业的机械化能力与水平等情况综合确定。

2. 本消耗量中的施工机械台班消耗量是按照机械正常施工效率并考虑机械施工适当幅度差综合取定。

3. 原单位价值在 2 000 元以内、使用年限在一年以内不构成固定资产的施工机械,不列入机械台班消耗量,其消耗的燃料动力等综合在其他材料费中。

八、关于仪器仪表:

1. 本消耗量仪器仪表是按照正常施工组织、施工技术水平考虑,同时结合市场实际情况综合确定。

2. 本消耗量中的仪器仪表台班消耗量是按照仪器仪表正常使用率,并考虑必要的检验检测及适当幅度差综合取定。

3. 原单位价值在 2 000 元以内、使用年限在一年以内不构成固定资产的仪器仪表,不列入仪器仪表台班消耗量,其消耗的燃料动力等综合在其他材料费中。

九、关于水平运输和垂直运输:

1. 水平运输:

(1)水平运输距离是指自现场仓库或指定堆放地点运至安装地点或垂直运输点的距离。本消耗量设备水平运距按照 200m、材料(含成品、半成品)水平运距按照 300m 综合取定,执行消耗量时不做调整。

(2)消耗量未考虑场外运输和场内二次搬运。工程实际发生时应根据有关规定另行计算。

2. 垂直运输:

(1)垂直运输基准面为室外地坪。

(2)本消耗量垂直运输按照建筑物层数 6 层以下、建筑高度 20m 以下、地下深度 10m 以内考虑,工程实际超过时,通过计算建筑物超高(深)增加费处理。

十、关于安装操作高度:

1. 安装操作基准面一般是指室外地坪或室内各层楼地面地坪。

2. 安装操作高度是指安装操作基准面至安装点的垂直高度。本消耗量除各册另有规定者外,安装操作高度综合取定为 6m 以内。工程实际超过时,计算安装操作高度增加费。

十一、关于建筑超高(深)增加费:

1. 建筑超高(深)增加费是指在建筑物层数 6 层以上、建筑高度 20m 以上、地下深度 10m 以上的建筑施工时,计算由于建筑超高(深)需要增加的安装费。各册另有规定者除外。

2. 建筑超高(深)增加费包括人工降效、使用机械(含仪器仪表、工具用具)降效、延长垂直运输时间等费用。

3. 建筑超高(深)增加费,以单位工程(群体建筑以车间或单楼设计为准)全部工程量(含地下、地上部分)为基数,按照系数法计算。系数详见各册说明。

4. 单位工程(群体建筑以车间或单楼设计为准)满足建筑高度、建筑物层数、地下深度之一者,应计算建筑超高(深)增加费。

十二、关于脚手架搭拆:

1. 本消耗量脚手架搭拆是根据施工组织设计、满足安装需要所采取的安装措施。脚手架搭拆除满足自身安全外,不包括工程项目安全、环保、文明等工作内容。

2. 脚手架搭拆综合考虑了不同的结构形式、材质、规模、占用时间等要素,执行消耗量时不做调整。

3. 在同一个单位工程内有若干专业安装时,凡符合脚手架搭拆计算规定,应分别计取脚手架搭拆费用。

十三、本消耗量没有考虑施工与生产同时进行、在有害身体健康（防腐蚀工程、检测项目除外）条件下施工时的降效，工程实际发生时根据有关规定另行计算。

十四、本消耗量适用于工程项目施工地点在海拔高度 2 000m 以下施工，超过时按照工程项目所在地区的有关规定执行。

十五、本消耗量中注有"××以内"或"××以下"及"小于"者，均包括 ×× 本身；注有"××以外"或"××以上"及"大于"者，则不包括 ×× 本身。

说明中未注明（或省略）尺寸单位的宽度、厚度、断面等，均以"mm"为单位。

十六、凡本说明未尽事宜，详见各册说明。

册　说　明

一、第七册《通风空调安装工程》(以下简称"本册")适用于通风空调设备及部件、通风管道及部件的制作与安装工程。包括通风空调设备及部件制作、安装,通风管道制作、安装,通风管道部件制作、安装,人防设备及部件制作、安装。

二、本册主要依据的规范标准有:

1.《民用建筑供暖通风与空气调节设计规范》GB 50736—2012;

2.《工业建筑供暖通风与空气调节设计规范》GB 50019—2015;

3.《通风与空调工程施工质量验收规范》GB 50243—2016;

4.《通风与空调工程施工规范》GB 50738—2011;

5.《通风管道技术规程》JGJ/T 141—2017;

6.《风机盘管安装》01K403—2003;

7.《风阀选用与安装》07K120—2007;

8.《金属、非金属风管支吊架(含抗震支吊架)》19K112—2019;

9.《通用安装工程消耗量定额》TY 02-31-2015。

三、本册除各章另有说明外,均包括下列工作内容:施工准备,设备、材料及工机具场内运输,设备开箱检验、配合基础验收、安放地脚螺栓,吊装设备就位、安装、连接,设备对中、找正、固定,配合基础灌浆,与设备本体配套支架、防护罩等附件安装,机组风、水管清扫,临时移动水源与电源,配合检查验收等。

四、本册不包括下列内容:

1. 设备基础铲磨,地脚螺栓孔调整、预压,在需要保护的楼地面上安装设备所需设施。

2. 地脚螺栓孔二次灌浆;开槽、钻孔。

3. 设备及其配套附件修理、绝热、防腐蚀。

4. 电气系统、仪表系统、设备本体第一个法兰以外的冷凝水管道系统等安装、调试;不属于设备本体配套的附件(如平台、梯子、栏杆、支架、消声器等)安装。

五、执行消耗量说明。

1. 工业生产系统中的通风设备、除尘设备执行第一册《机械设备安装工程》、第二册《热力设备安装工程》相应项目。

2. 空调系统中管道(设备本体管道除外)执行第十册《给排水、采暖、燃气安装工程》相应项目。

3. 管道及支架防腐蚀、绝热,执行第十二册《防腐蚀、绝热工程》相应项目。

4. 安装在支架上的木衬垫或非金属垫料,不单独计算安装人工费,只按实计入成品材料价格。

六、下列费用可按系数分别计取:

1. 通风空调系统调试费按照安装工程人工费7%计算。其中人工费为40%,材料费为10%,机械费为8%,仪器仪表费为42%。

2. 脚手架搭拆按照人工费2.8%计算。其中人工费为40%,材料费为53%,机械费为7%。

3. 安装高度超过安装操作基准面6m时,安装操作高度增加费按照人工费乘以下列系数计算。其中人工费为70%,材料费为18%,机械费为12%。

系数表

安装高度距离安装操作基准面(m)	≤ 10	≤ 30	≤ 50
系数	0.10	0.20	0.50

4. 建筑超高、超深增加费按照下表计算。其中人工费为36.5%,机械与仪器仪表为63.5%。

建筑超高、超深增加费计算表

建筑物高度（m以内）	40	60	80	100	120	140	160	180	200
建筑物层数（层以内）	12	18	24	30	36	42	48	54	60
地下深度（m以内）	20	30	40	—	—	—	—	—	—
按照人工费计算（%）	2.4	4.0	5.8	7.4	9.1	10.9	12.6	14.3	16.0

注：建筑物层数大于60层时,以60层为基础,每增加一层增加0.3%。

七、本册中制作与安装的人工、材料、机械比例见下表：

人工、材料、机械比例表

序号	项目名称	人工（%）		材料（%）		机械（%）	
		制作	安装	制作	安装	制作	安装
1	空调部件及设备支架制作与安装	86	14	98	2	95	5
2	镀锌薄钢板法兰通风管道制作与安装	60	40	70	30	95	5
3	镀锌薄钢板共板法兰通风管道制作与安装	40	60	70	30	95	5
4	薄钢板法兰通风管道制作与安装	60	40	80	20	95	5
5	净化通风管道及部件制作与安装	40	60	80	20	95	5
6	不锈钢板通风管道及部件制作与安装	72	28	95	5	95	5
7	铝板通风管道及部件制作与安装	68	32	60	40	95	5
8	塑料通风管道及部件制作与安装	90	10	95	5	95	5
9	复合型风管制作与安装	60	40	60	40	99	1
10	风帽制作与安装	75	25	80	20	99	1
11	罩类制作与安装	78	22	98	2	95	5

目　录

第四章　人防设备及部件制作、安装

附　　录

第一章 通风空调设备及部件制作、安装

说　明

一、本章内容包括空气加热器(冷却器),除尘设备,空调器,多联体空调机室外机,风机盘管,空气幕,VAV 变风量末端装置、分段组装式空调器,组合式油烟净化机,过滤器、框架制作、安装,净化工作台、风淋室,通风机,设备支架制作、安装等项目。

二、通风机安装子目内包括电动机安装,其安装形式包括 A、B、C、D 型等,适用于碳钢、不锈钢、塑料通风机安装。

三、有关说明:

1. 诱导器安装执行风机盘管安装子目。

2. 多联体空调系统的室内机按安装方式执行风机盘管子目。

3. 空气幕的支架制作、安装执行设备支架子目。

4.VAV 变风量末端装置适用于单风道变风量末端和双风道变风量末端装置,风机动力型变风量末端装置人工乘以系数 1.10。

5. 洁净室安装执行分段组装式空调器安装子目。

6. 低效过滤器包括:M-A 型、WL 型、LWP 型等系列。

7. 中效过滤器包括:ZKL 型、YB 型、M 型、ZX-1 型等系列。

8. 高效过滤器包括:GB 型、GS 型、JX-20 型等系列。

9. 净化工作台包括:XHK 型、BZK 型、SXP 型、SZP 型、SZX 型、SW 型、SZ 型、SXZ 型、TJ 型、CJ 型等系列。

10. 清洗槽、浸油槽、晾干架、LWP 滤尘器支架制作、安装执行设备支架子目。

11. 通风空调设备的电气接线执行本消耗量第四册《电气设备与线缆安装工程》相应项目。

12. 一次灌浆已经考虑在设备安装基价中,不再另计,二次灌浆执行本消耗量第一册《机械设备安装工程》相应项目。

工程量计算规则

一、空气加热器（冷却器）安装按设计图示数量计算，以"台"为计量单位。

二、除尘设备安装按设计图示数量计算，以"台"为计量单位。

三、整体式空调机组、空调器安装（一拖一分体空调以室内机、室外机之和）按设计图示数量计算，以"台"为计量单位。

四、组合式空调机组安装依据设计风量，按设计图示数量计算，以"台"为计量单位。

五、多联体空调机室外机安装依据制冷量，按设计图示数量计算，以"台"为计量单位。

六、风机盘管安装按设计图示数量计算，以"台"为计量单位。

七、空气幕按设计图示数量计算，以"台"为计量单位。

八、VAV变风量末端装置安装按设计图示数量计算，以"台"为计量单位。

九、分段组装式空调器安装按设计图示质量计算，以"kg"为计量单位。

十、组合式油烟净化机安装按设计图示数量计算，以"台"为计量单位。

十一、高、中、低效过滤器安装、净化工作台、风淋室安装按设计图示数量计算，以"台"为计量单位。

十二、过滤器框架制作按设计图示尺寸以质量计算，以"kg"为计量单位。

十三、通风机安装依据不同形式、规格按设计图示数量计算，以"台"为计量单位。风机箱安装按设计图示数量计算，以"台"为计量单位。

十四、设备支架制作、安装按设计图示尺寸以质量计算，以"kg"为计量单位。

一、空气加热器（冷却器）

工作内容： 开箱检查设备、附件、底座螺栓、吊装、找平、找正、加垫、螺栓固定、支架
制作、安装等。

计量单位：台

编　号				7-1-1	7-1-2	7-1-3
项　目				空气加热器（冷却器）安装（质量 kg 以内）		
				100	200	400
名　称			单位	消　耗　量		
人工	合计工日		工日	0.777	1.263	1.422
	其中	普工	工日	0.350	0.568	0.640
		一般技工	工日	0.350	0.568	0.640
		高级技工	工日	0.077	0.127	0.142
材料	热轧薄钢板 δ1.0~1.5		kg	0.270	0.480	0.600
	角钢 60		kg	5.240	6.950	9.610
	扁钢 59 以内		kg	0.870	0.960	1.130
	尼龙砂轮片 ϕ400		片	0.015	0.019	0.026
	无石棉橡胶板 高压 δ1~6		kg	0.380	0.530	1.210
	低碳钢焊条 J427 ϕ4.0		kg	0.100	0.124	0.200
	其他材料费		%	1.00	1.00	1.00
机械	弧焊机 21kV·A		台班	0.020	0.025	0.040
	台式钻床 16mm		台班	0.080	0.100	0.150
	载货汽车－普通货车 5t		台班	—	0.009	0.009
	吊装机械（通风综合）		台班	—	0.032	0.032

二、除 尘 设 备

工作内容: 开箱检查设备、附件、底座螺栓、吊装、找平、找正、加垫、灌浆、螺栓固定等。　　计量单位:台

编　号			7-1-4	7-1-5	7-1-6	7-1-7
项　目			除尘设备安装(质量 kg 以内)			
			200	500	1 000	3 000
名　称		单位	消 耗 量			
合计工日		工日	2.226	4.700	12.276	25.933
人工	其中	普工	工日	1.002	2.115	5.524	11.670
		一般技工	工日	1.002	2.115	5.524	11.670
		高级技工	工日	0.222	0.470	1.228	2.593
材料	细石混凝土 C20		m³	0.010	0.010	0.010	0.010
	低碳钢焊条 J427 φ4.0		kg	0.124	0.310	0.500	0.500
	其他材料费		%	1.00	1.00	1.00	1.00
机械	弧焊机 21kV·A		台班	0.025	0.062	0.100	0.100
	载货汽车–普通货车 5t		台班	0.006	0.009	0.013	0.029
	吊装机械(通风综合)		台班	0.021	0.031	0.045	0.199

三、空 调 器

1. 吊顶式、落地式空调器

工作内容: 开箱检查设备、附件、底座螺栓、吊装、找平、找正、加垫、螺栓固定等。　　　　　　　**计量单位:台**

编　号			7-1-8	7-1-9	7-1-10	7-1-11	7-1-12	7-1-13
项　目			吊顶式空调器安装 （质量 t 以内）			落地式空调器安装 （质量 t 以内）		
			0.15	0.2	0.4	1.0	1.5	2.0
名　称		单位	消　耗　量					
合计工日		工日	0.622	0.672	0.730	5.273	6.700	8.569
人工	其中	普工	工日	0.280	0.303	0.329	2.373	3.015	3.856
		一般技工	工日	0.280	0.302	0.328	2.373	3.015	3.856
		高级技工	工日	0.062	0.067	0.073	0.527	0.670	0.857
材料	棉纱头	kg	0.500	0.500	0.500	0.500	0.500	0.500
	其他材料费	%	1.00	1.00	1.00	1.00	1.00	1.00
机械	载货汽车－普通货车 5t	台班	0.009	0.009	0.009	0.013	0.016	0.019
	吊装机械（通风综合）	台班	0.032	0.032	0.032	0.048	0.073	0.084

2. 墙上式空调器

工作内容: 开箱检查设备、附件、安装膨胀螺栓、吊装、找平、找正、加垫、螺栓固定等。　　　　计量单位: 台

编　号				7-1-14	7-1-15	7-1-16
项　目				墙上式空调器安装(质量 t 以内)		
				0.1	0.15	0.2
名　称			单位	消　耗　量		
人工	合计工日		工日	0.659	0.689	0.735
	其中	普工	工日	0.297	0.310	0.330
		一般技工	工日	0.296	0.310	0.331
		高级技工	工日	0.066	0.069	0.074
材料	棉纱头		kg	0.500	0.500	0.500
	其他材料费		%	1.00	1.00	1.00
机械	载货汽车 – 普通货车 5t		台班	—	0.009	0.009
	吊装机械(通风综合)		台班	—	0.032	0.032

3. 组合式空调机组

工作内容: 开箱、检查设备及附件、就位、连接、找正、找平、螺栓固定等。　　　　计量单位: 台

编　号				7-1-17	7-1-18	7-1-19	7-1-20	7-1-21	7-1-22	7-1-23	7-1-24
项　目				风量(m³/h 以内)							
				4 000	10 000	20 000	30 000	40 000	60 000	80 000	100 000
名　称			单位	消　耗　量							
人工	合计工日		工日	4.818	9.567	18.040	22.276	27.605	41.407	55.211	69.011
	其中	普工	工日	2.168	4.305	8.118	10.024	12.422	18.633	24.845	31.055
		一般技工	工日	2.168	4.305	8.118	10.024	12.422	18.633	24.845	31.055
		高级技工	工日	0.482	0.957	1.804	2.228	2.761	4.141	5.521	6.901
材料	棉纱		kg	0.210	0.410	0.730	1.190	1.600	2.420	4.210	5.160
	煤油		kg	0.420	0.810	1.460	2.390	3.200	4.830	8.420	10.330
	其他材料费		%	1.00	1.00	1.00	1.00	1.00	1.00	1.00	1.00
机械	载货汽车 – 普通货车 5t		台班	0.146	0.146	0.292	0.292	0.292	0.375	0.375	0.375
	吊装机械(通风综合)		台班	0.131	0.164	0.345	0.418	0.506	0.687	0.719	0.785

四、多联体空调机室外机

工作内容：开箱、检查、就位、找正、找平、螺栓固定、试运转等。　　　　　　　**计量单位**：台

编　号				7-1-25	7-1-26	7-1-27	7-1-28	7-1-29
项　目				制冷量（kW 以内）				
				30	50	90	140	200
名　称			单位	消　耗　量				
人工	合计工日		工日	2.340	3.509	6.751	12.847	15.684
	其中	普工	工日	1.053	1.579	3.038	5.781	7.058
		一般技工	工日	1.053	1.579	3.038	5.781	7.058
		高级技工	工日	0.234	0.351	0.675	1.285	1.568
材料	镀锌弹簧垫圈 M16		个	10.400	12.480	18.720	24.960	31.200
	镀锌垫圈 M16		个	20.800	24.960	37.440	49.920	62.400
	棉纱		kg	0.500	0.500	0.500	0.750	1.000
	煤油		kg	0.125	0.125	0.169	0.253	0.337
	其他材料费		%	1.00	1.00	1.00	1.00	1.00
机械	载货汽车 – 普通货车 5t		台班	0.009	0.009	0.009	0.013	0.016
	吊装机械（通风综合）		台班	0.032	0.032	0.032	0.063	0.073

五、风机盘管

工作内容: 开箱检查设备、附件、试压、底座螺栓、打膨胀螺栓、制作、安装吊架、胀塞、
上螺栓、吊装、找平、找正、加垫、螺栓固定等。

计量单位:台

编　号			7-1-30	7-1-31	7-1-32	7-1-33
项　目			风机盘管安装			
			落地式	吊顶式	壁挂式	卡式嵌入式
名　称		单位	消　耗　量			
人工	合计工日		工日	0.619	1.670	0.903	1.840
	其中	普工	工日	0.278	0.751	0.407	0.828
		一般技工	工日	0.279	0.752	0.406	0.828
		高级技工	工日	0.062	0.167	0.090	0.184
材料	角钢 50×5 以内		kg	—	2.918	—	2.918
	角钢 63 以内		kg	—	0.592	—	—
	圆钢 φ10~14		kg	—	2.550	—	2.805
	镀锌六角螺母 M10		10个	—	1.272	—	1.272
	镀锌弹簧垫圈 M10		个	—	4.240	—	4.240
	镀锌垫圈 M10		个	—	8.480	—	8.480
	塑料胀塞		个	—	—	4.160	—
	聚酯乙烯泡沫塑料		kg	0.100	0.100	0.100	0.100
	聚氯乙烯薄膜		kg	0.010	0.010	0.010	0.010
	煤油		kg	2.800	2.800	2.800	2.800
	棉纱		kg	0.050	0.050	—	0.050
	尼龙砂轮片 φ500×25×4		片	—	0.008	—	—
	其他材料费		%	1.00	1.00	1.00	1.00
机械	台式钻床 16mm		台班	—	0.010	—	—
	载货汽车–普通货车 8t		台班	0.010	0.010	0.010	0.010
	吊装机械(通风综合)		台班	0.013	0.013	0.013	0.013

六、空 气 幕

工作内容: 开箱检查设备、吊装、找平、找正、螺栓固定等。　　　　　　　　　　**计量单位:**台

	编　号		7-1-34	7-1-35	7-1-36
	项　目		质量（kg 以内）		
			150	200	250
	名　称	单位	消　耗　量		
人工	合计工日	工日	1.856	2.009	2.080
	其中 普工	工日	0.835	0.904	0.936
	一般技工	工日	0.835	0.904	0.936
	高级技工	工日	0.186	0.201	0.208
材料	热轧薄钢板 δ0.7~0.9	kg	0.306	0.340	0.374
	镀锌铁丝 ϕ2.8~4.0	kg	0.935	1.190	1.445
	煤油	kg	0.638	0.680	0.723
	棉纱	kg	1.063	1.063	1.063
	其他材料费	%	1.00	1.00	1.00
机械	载货汽车－普通货车 5t	台班	0.014	0.020	0.022
	吊装机械（通风综合）	台班	0.043	0.057	0.063

七、VAV 变风量末端装置、分段组装式空调器

工作内容: 开箱检查设备、附件、底座螺栓,吊装、找平、找正、加垫、螺栓固定等。

编　　号			7-1-37	7-1-38
项　　目			VAV 变风量末端装置	分段组装式空调器安装
			台	100kg
名　　称		单位	消　耗　量	
人工	合计工日	工日	1.117	1.901
	其中 普工	工日	0.502	0.855
	一般技工	工日	0.503	0.856
	高级技工	工日	0.112	0.190
材料	圆钢(综合)	kg	1.660	—
	槽钢 5#~16#	kg	14.840	—
	垫圈 M2~8	10 个	0.848	—
	弹簧垫圈 M2~10	10 个	0.848	—
	尼龙砂轮片 ϕ400	片	0.038	—
	六角螺母 M8	10 个	0.848	—
	橡胶板 δ5~10	kg	0.290	—
	煤油	kg	0.100	0.100
	棉纱	kg	0.050	0.050
	其他材料费	%	1.00	1.00
机械	吊装机械(通风综合)	台班	0.013	0.013
	载货汽车–普通货车 5t	台班	0.010	0.013

八、组合式油烟净化机

工作内容: 开箱检查设备、附件、底座螺栓、吊装、找平、找正、加垫、灌浆、螺栓固定等。　　**计量单位:** 个

编　号			7-1-39	7-1-40	7-1-41	7-1-42
项　目			风量(m³/h 以内)			
			3 000	6 000	20 000	60 000
名　称		单位	消耗量			
人工	合计工日	工日	1.782	2.670	3.204	3.762
	其中　普工	工日	0.891	1.335	1.602	1.881
	一般技工	工日	0.891	1.335	1.602	1.881
材料	细石混凝土 C20	m³	0.010	0.010	0.010	0.010
	低碳钢焊条 J427 φ4.0	kg	0.050	0.050	0.050	0.050
	其他材料费	%	1.00	1.00	1.00	1.00
机械	弧焊机 21kV·A	台班	0.010	0.010	0.010	0.010
	载货汽车－普通货车 5t	台班	0.013	0.013	0.013	0.013
	吊装机械(通风综合)	台班	0.045	0.045	0.045	0.045

九、过滤器、框架制作、安装

工作内容: 开箱、检查、配合钻孔、加垫、口缝涂密封胶、安装、支架制作、安装等。

	编　号		7-1-43	7-1-44	7-1-45
	项　目		高效过滤器安装	中、低效过滤器安装	过滤器框架
			台		100kg
	名　称	单位	消　耗　量		
人工	合计工日	工日	0.490	0.078	5.488
	其中 普工	工日	0.220	0.035	2.469
	一般技工	工日	0.221	0.035	2.470
	高级技工	工日	0.049	0.008	0.549
材料	角钢 60	kg	—	—	（17.000）
	角钢 63	kg	—	—	（14.000）
	槽钢 5#~16#	kg	—	—	（73.800）
	铝蝶形螺母 M12 以内	10个	—	—	0.560
	无石棉橡胶板 低中压 δ0.8~6.0	kg	0.100	0.100	—
	闭孔乳胶海绵 δ5	kg	—	—	7.100
	密封胶 KS 型	kg	0.460	0.460	2.600
	聚氯乙烯薄膜	kg	—	—	0.400
	低碳钢焊条 J427 φ3.2	kg	—	—	1.900
	镀锌铆钉 M4	kg	—	—	35.100
	尼龙砂轮片 φ400	片	—	—	0.237
	洗涤剂	kg	—	—	7.770
	白布	m²	—	—	0.200
	白绸	m²	—	—	0.200
	塑料打包带	kg	—	—	0.100
	打包铁卡子	10个	—	—	0.600
	其他材料费	%	1.00	1.00	1.00
机械	弧焊机 21kV·A	台班	—	—	0.300
	台式钻床 16mm	台班	—	—	0.200

十、净化工作台、风淋室

工作内容：开箱、检查、就位、找正、找平等。　　　　　　　　　　　　　计量单位：台

编　号			7-1-46	7-1-47	7-1-48	7-1-49	7-1-50
项　目			净化工作台安装	风淋室安装（质量 t 以内）			
				0.5	1.0	2.0	3.0
名　称		单位	消　耗　量				
人工	合计工日	工日	1.570	8.113	11.937	19.149	21.427
	其中 普工	工日	0.785	3.651	5.371	8.617	9.642
	一般技工	工日	0.785	3.651	5.372	8.617	9.642
	高级技工	工日	—	0.811	1.194	1.915	2.143
材料	白布	m²	1.000	1.000	1.000	1.500	1.500
	白绸	m²	1.000	1.000	1.000	1.500	1.500
	煤油	kg	1.667	19.143	19.143	31.905	31.905
	其他材料费	%	1.00	1.00	1.00	1.00	1.00
机械	载货汽车－普通货车 5t	台班	0.009	0.009	0.013	0.019	0.029

十一、通　风　机

1. 离心式通风机

工作内容: 开箱检查设备、附件、底座螺栓、吊装、找平、找正、加垫、灌浆、螺栓固定等。　　计量单位:台

编　号			7-1-51	7-1-52	7-1-53	7-1-54	7-1-55	7-1-56
项　目			风机安装（风量 m³/h）					
			4 500 以内	7 000 以内	19 300 以内	62 000 以内	123 000 以内	123 000 以外
名　称		单位	消　耗　量					
人工	合计工日	工日	0.657	2.626	5.730	11.940	20.980	29.460
	其中 普工	工日	0.296	1.181	2.578	5.373	9.441	13.257
	一般技工	工日	0.295	1.182	2.579	5.373	9.441	13.257
	高级技工	工日	0.066	0.263	0.573	1.194	2.098	2.946
材料	铸铁垫板	kg	3.900	3.900	5.200	21.600	28.800	28.800
	细石混凝土 C20	m³	0.010	0.030	0.030	0.030	0.070	0.100
	煤油	kg	0.550	0.750	0.750	1.500	2.000	3.000
	黄干油　钙基酯	kg	0.300	0.400	0.400	0.500	0.700	1.000
	棉纱头	kg	0.050	0.060	0.080	0.120	0.150	0.200
	其他材料费	%	1.00	1.00	1.00	1.00	1.00	1.00
机械	载货汽车－普通货车 5t	台班	—	—	0.009	0.009	0.013	0.019
	吊装机械（通风综合）	台班	0.022	0.026	0.032	0.032	0.048	0.073

2. 轴流式、斜流式、混流式通风机

工作内容: 开箱检查设备、附件、底座螺栓、吊装、找平、找正、加垫、灌浆、螺栓固定等。　　**计量单位:台**

编　号			7-1-57	7-1-58	7-1-59	7-1-60	7-1-61
项　目			轴流式、斜流式、混流式通风机安装（风量 m³/h）				
			8 900 以内	25 000 以内	63 000 以内	140 000 以内	140 000 以外
名　称		单位	消　耗　量				
人工	合计工日		工日	1.166	2.605	5.200	11.580	17.798
	其中	普工	工日	0.524	1.172	2.340	5.211	8.023
		一般技工	工日	0.525	1.172	2.340	5.211	8.024
		高级技工	工日	0.117	0.261	0.520	1.158	1.751
材料	细石混凝土 C20		m³	0.010	0.010	0.030	0.070	0.100
	黄干油 钙基酯		kg	0.300	0.400	0.500	0.700	1.000
	煤油		kg	0.800	0.850	1.600	2.000	3.000
	棉纱头		kg	0.060	0.088	0.130	0.150	0.200
	其他材料费		%	1.00	1.00	1.00	1.00	1.00
机械	载货汽车－普通货车 5t		台班	—	0.009	0.009	0.013	0.019
	吊装机械（通风综合）		台班	0.022	0.032	0.032	0.048	0.073

3. 屋顶式通风机

工作内容: 开箱检查设备、附件、底座螺栓、吊装、找平、找正、加垫、灌浆、螺栓固定等。　　**计量单位:台**

编　号			7-1-62	7-1-63	7-1-64
项　目			屋顶式通风机安装（风量 m³/h）		
			2 760 以内	9 100 以内	9 100 以外
名　称		单位	消　耗　量		
人工	合计工日		工日	0.794	0.960	1.545
	其中	普工	工日	0.358	0.432	0.695
		一般技工	工日	0.357	0.432	0.695
		高级技工	工日	0.079	0.096	0.155
材料	铸铁垫板		kg	3.900	3.900	3.900
	细石混凝土 C20		m³	0.010	0.020	0.030
	其他材料费		%	1.00	1.00	1.00
机械	载货汽车－普通货车 5t		台班	—	—	0.009
	吊装机械（通风综合）		台班	0.017	0.012	0.032

4. 卫生间通风器

工作内容： 开箱检查、找平、找正、安装固定等。　　　　　　　　　　　　　　计量单位：台

编　　号				7-1-65
项　　目				卫生间通风器安装
名　　称			单位	消　耗　量
人工	合计工日		工日	0.160
	其中	普工	工日	0.080
		一般技工	工日	0.080
材料	橡胶板 δ5		m²	0.040
	密封胶 KS 型		kg	0.023
	其他材料费		%	1.00

5. 风机箱落地安装

工作内容： 开箱、检查就位、安装、找正、找平、清理等。　　　　　　　　　　计量单位：台

编　　号				7-1-66	7-1-67	7-1-68	7-1-69
项　　目				风机箱落地安装（风量 m³/h 以内）			
				5 000	10 000	20 000	30 000
名　　称			单位	消　耗　量			
人工	合计工日		工日	2.225	2.522	4.419	6.926
	其中	普工	工日	1.001	1.135	1.988	3.116
		一般技工	工日	1.001	1.135	1.989	3.117
		高级技工	工日	0.223	0.252	0.442	0.693
材料	煤油		kg	0.150	0.300	0.520	0.740
	棉纱头		kg	0.100	0.150	0.300	0.450
	其他材料费		%	1.00	1.00	1.00	1.00
机械	载货汽车 – 普通货车 5t		台班	—	0.009	0.009	0.013
	吊装机械（通风综合）		台班	—	0.028	0.028	0.041

6. 风机箱减振台座上安装

工作内容： 测位、安装、找正、找平、上螺栓、固定等。 计量单位：台

编　　号				7-1-70	7-1-71	7-1-72	7-1-73	7-1-74	7-1-75
项　　目				风机箱减振台座上安装 风量（m³/h）					
				2 000 以内	10 000 以内	15 000 以内	25 000 以内	35 000 以内	35 000 以外
名　　称			单位	消　耗　量					
人工	合计工日		工日	1.274	3.469	5.233	6.860	9.712	13.014
	其中	普工	工日	0.574	1.561	2.355	3.087	4.371	5.857
		一般技工	工日	0.573	1.561	2.355	3.087	4.370	5.856
		高级技工	工日	0.127	0.347	0.523	0.686	0.971	1.301
材料	其他材料费		%	1.00	1.00	1.00	1.00	1.00	1.00

7. 风机箱悬吊安装

工作内容： 测位、安装、找正、找平、上螺栓、固定等。 计量单位：台

编　　号				7-1-76	7-1-77	7-1-78	7-1-79
项　　目				风机箱悬吊安装 风量（m³/h 以内）			
				5 000	10 000	20 000	30 000
名　　称			单位	消　耗　量			
人工	合计工日		工日	2.955	3.482	6.079	9.336
	其中	普工	工日	1.329	1.567	2.735	4.201
		一般技工	工日	1.330	1.567	2.736	4.201
		高级技工	工日	0.296	0.348	0.608	0.934
材料	煤油		kg	0.150	0.300	0.520	0.740
	棉纱头		kg	0.100	0.150	0.300	0.450
	其他材料费		%	1.00	1.00	1.00	1.00
机械	载货汽车－普通货车 5t		台班	—	0.009	0.009	0.013
	吊装机械（通风综合）		台班	—	0.028	0.028	0.041

十二、设备支架制作、安装

工作内容: 1. 制作:放样、下料、调直、钻孔、焊接、成型等。
2. 安装:测位、上螺栓、固定、打洞、埋支架等。　　　　　　计量单位:100kg

编　号			7-1-80	7-1-81
项　目			设备支架	
			50kg 以内	50kg 以外
名　称		单位	消　耗　量	
人工	合计工日	工日	4.854	3.174
	其中 普工	工日	2.427	1.587
	一般技工	工日	2.427	1.587
材料	角钢 60	kg	(55.270)	(7.230)
	角钢 63	kg	(48.730)	(17.550)
	扁钢 59 以内	kg	—	(0.120)
	槽钢 5#~16#	kg	—	(79.090)
	低碳钢焊条 J427 φ4.0	kg	1.610	0.570
	乙炔气	kg	0.409	0.178
	氧气	m³	1.150	0.500
	尼龙砂轮片 φ400	片	0.119	0.119
	其他材料费	%	1.00	1.00
机械	弧焊机 21kV·A	台班	0.294	0.168
	台式钻床 16mm	台班	0.040	0.010

第二章　通风管道制作、安装

说　明

一、本章内容包括镀锌薄钢板法兰风管制作、安装,镀锌薄钢板共板法兰风管制作、安装,薄钢板法兰风管制作、安装,镀锌薄钢板矩形净化风管制作、安装,不锈钢板风管制作、安装,铝板风管制作、安装,塑料风管制作、安装,玻璃钢风管安装,复合型酚醛风管制作、安装,复合型玻纤、玻镁风管制作、安装,柔性软风管安装,弯头导流叶片及其他抗震支架安装等项目。

二、下列费用可按系数分别计取。

1. 薄钢板风管整个通风系统设计采用渐缩管均匀送风者,圆形风管按平均直径、矩形风管按平均周长参照相应规格子目,其人工乘以系数 2.50。

2. 如制作空气幕送风管时,按矩形风管平均周长执行相应风管规格子目,其人工乘以系数 3.00,其余不变。

3. 椭圆形风管按长轴规格执行相应圆形风管子目,其人工乘以系数 1.20。

4. 圆弧形风管执行相应风管子目,人工乘以系数 1.40。

三、有关说明:

1. 镀锌薄钢板风管子目中的板材是按镀锌薄钢板编制的,如设计要求不用镀锌薄钢板时,板材可以换算,其他不变。

2. 风管导流叶片不分单叶片和香蕉形双叶片均执行同一子目。

3. 薄钢板通风管道、净化通风管道、玻璃钢通风管道、复合型风管制作与安装子目中,包括弯头、三通、变径管、天圆地方等管件及法兰、加固框和吊托支架的制作与安装,但不包括过跨风管落地支架,落地支架制作与安装执行本册第一章“通风空调设备及部件制作、安装”子目。

4. 薄钢板风管子目中的板材,如设计要求厚度不同时可以换算,人工、机械消耗量不变。

5. 净化风管、不锈钢板风管、铝板风管、塑料风管子目中的板材,如设计厚度不同时可以换算,人工、机械不变。

6. 净化圆形风管制作与安装执行本章矩形风管制作与安装子目。

7. 净化风管涂密封胶按全部口缝外表面涂抹考虑。如设计要求口缝不涂抹而只在法兰处涂抹时,每 10m² 风管应减去密封胶 1.5kg 和一般技工 0.37 工日。

8. 净化风管及部件制作安装子目中,型钢未包括镀锌费,如设计要求镀锌时,应另加镀锌费。

9. 净化通风管道子目按空气洁净度 100 000 级编制。

10. 不锈钢板风管咬口连接制作与安装执行本章镀锌薄钢板风管法兰连接子目。

11. 不锈钢板风管、铝板风管制作与安装子目中包括管件,但不包括法兰和吊托支架;法兰和吊托支架应单独列项计算,执行相应子目。

12. 塑料风管、复合型风管制作与安装子目规格所表示的直径为内径,周长为内周长。

13. 塑料风管制作与安装子目中包括管件、法兰、加固框,但不包括吊托支架制作与安装,吊托支架执行本册第一章“通风空调设备及部件制作、安装”子目。

14. 塑料风管制作与安装子目中的法兰垫料如与设计要求使用品种不同时可以换算,但人工消耗量不变。

15. 塑料通风管道胎具材料摊销费的计算方法:塑料风管管件制作的胎具摊销材料费,未包括在内,按以下规定另行计算。

（1）风管工程量在 30m² 以上的,每 10m² 风管的胎具摊销木材为 0.06m³,按材料价格计算胎具材料摊销费。

（2）风管工程量在 30m² 以下的,每 10m² 风管的胎具摊销木材为 0.09m³,按材料价格计算胎具材料摊销费。

16. 玻璃钢风管及管件按计算工程量加损耗外加工定做考虑。

17. 软管接头如使用人造革而不使用帆布时可以换算。

18. 子目中的法兰垫料按橡胶板编制,如与设计要求使用的材料品种不同时可以换算,但人工消耗量不变。使用泡沫塑料者每千克橡胶板换算为泡沫塑料 0.125kg;使用闭孔乳胶海绵者每千克橡胶板换算为闭孔乳胶海绵 0.5kg。

19. 复合型风管子目规格表示的直径为内径,长边长为管内长边长。

20. 柔性软风管适用于由金属、涂塑化纤织物、聚酯、聚乙烯、聚氯乙烯薄膜、铝箔等材料制成的软风管。

21. 柔性软风管支架执行设备支架子目。

工程量计算规则

一、薄钢板风管、净化风管、不锈钢风管、铝板风管、塑料风管、玻璃钢风管、复合型风管按设计图示规格以展开面积计算，以"m²"为计量单位。不扣除检查孔、测定孔、送风口、吸风口等所占面积。风管展开面积不计算风管、管口重叠部分面积。

二、薄钢板风管、净化风管、不锈钢风管、铝板风管、塑料风管、玻璃钢风管、复合型风管长度计算时均以设计图示中心线长度（主管与支管以其中心线交点划分），包括弯头、分叉或分隔三通、分叉或分隔四通、变径管、天圆地方等管件的长度，其余形式的三通、四通只计算其突出风管的净长度，不包括部件所占的长度。风管面积不扣除检查口、测定孔、送风口、排风口所占的面积。

三、柔性软风管安装按设计图示中心线长度计算，以"m"为计量单位；柔性软风管阀门安装按设计图示数量计算，以"个"为计量单位。

四、弯头导流叶片制作与安装按设计图示叶片的面积计算，以"m²"为计量单位。

五、软管（帆布）接口制作与安装按设计图示尺寸，以展开面积计算，以"m²"为计量单位。

六、风管检查孔制作与安装按设计图示尺寸质量计算，以"kg"为计量单位。

七、温度、风量测定孔制作与安装依据其型号，按设计图示数量计算，以"个"为计量单位。

八、抗震支架安装依据类型按设计图示数量计算，以"副"为计量单位。

一、镀锌薄钢板法兰风管制作、安装

1. 圆形风管（δ＝1.2mm 以内咬口）

工作内容: 1. 制作:放样、下料、卷圆、轧口、咬口、制作直管、管件、法兰、吊托支架、钻孔、铆焊、上法兰、组对等。

2. 安装:配合预留孔洞、找标高、打支架墙洞、埋设吊托支架、风管就位、组装、找平、找正、制垫、加垫、上螺栓、紧固等。

计量单位:10m²

		编　号		7-2-1	7-2-2	7-2-3	7-2-4	7-2-5
		项　目		镀锌薄钢板圆形风管（δ＝1.2mm 以内咬口）直径（mm 以内）				
				320	450	1 000	1 250	2 000
	名　称		单位	消　耗　量				
人工	合计工日		工日	8.595	7.060	5.287	5.638	6.691
	其中	普工	工日	3.868	3.177	2.379	2.537	3.011
		一般技工	工日	3.868	3.177	2.379	2.537	3.011
		高级技工	工日	0.859	0.706	0.529	0.564	0.669
材料	镀锌薄钢板 δ0.5		m²	（11.380）	—	—	—	—
	镀锌薄钢板 δ0.6		m²	—	（11.380）	—	—	—
	镀锌薄钢板 δ0.75		m²	—	—	（11.380）	—	—
	镀锌薄钢板 δ1.0		m²	—	—	—	（11.380）	—
	镀锌薄钢板 δ1.2		m²	—	—	—	—	（11.380）
	角钢 60		kg	0.890	31.600	32.710	33.015	33.930
	角钢 63		kg			2.330	2.545	3.190
	扁钢 59 以内		kg	20.640	3.560	2.150	3.930	9.270
	圆钢 φ5.5~9.0		kg	2.930	1.900	0.750	0.593	0.120
	圆钢 φ10~14		kg	—	—	1.210	2.133	4.900
	橡胶板 δ1~3		kg	1.400	1.240	0.970	0.958	0.920
	低碳钢焊条 J427 φ3.2		kg	0.420	0.340	0.150	0.135	0.090
	乙炔气		kg	0.032	0.045	0.052	0.056	0.068
	氧气		m³	0.084	0.117	0.135	0.146	0.177
	铁铆钉		kg	—	0.270	0.210	0.193	0.140
	尼龙砂轮片 φ400		片	0.015	0.023	0.024	0.032	0.026
	其他材料费		%	1.00	1.00	1.00	1.00	1.00
机械	弧焊机 21kV·A		台班	0.160	0.130	0.040	0.035	0.020
	台式钻床 16mm		台班	0.690	0.580	0.430	0.410	0.350
	法兰卷圆机 L40×4		台班	0.500	0.320	0.170	0.140	0.050
	剪板机 6.3×2 000（安装用）		台班	0.040	0.020	0.010	0.010	0.010
	卷板机 2×1 600（安装用）		台班	0.040	0.020	0.010	0.010	0.010
	咬口机 1.5mm		台班	0.040	0.030	0.010	0.010	0.010

2. 矩形风管（$\delta = 1.2$mm 以内咬口）

工作内容：1. 制作：放样、下料、折方、轧口、咬口，制作直管、管件、吊托支架，
　　　　　钻孔、焊接、组对等。
　　　　2. 安装：配合预留孔洞、找标高、打支架墙洞、埋设吊托支架、组装、
　　　　　风管就位、找平、找正、制垫、加垫、上螺栓、紧固等。　　　　　　计量单位：10m²

编　号			7-2-6	7-2-7	7-2-8	7-2-9	7-2-10	7-2-11
项　目			镀锌薄钢板矩形风管（$\delta = 1.2$mm 以内咬口）长边长（mm 以内）					
			320	450	1 000	1 250	2 000	4 000
名　称		单位	消　耗　量					
人工	合计工日	工日	6.447	4.693	3.527	3.716	4.284	4.498
	其中　普工	工日	2.901	2.112	1.587	1.672	1.928	2.024
	一般技工	工日	2.901	2.112	1.587	1.672	1.928	2.024
	高级技工	工日	0.645	0.469	0.353	0.372	0.428	0.450
材料	镀锌薄钢板 $\delta 0.5$	m²	（11.380）	—	—	—	—	—
	镀锌薄钢板 $\delta 0.6$	m²	—	（11.380）	—	—	—	—
	镀锌薄钢板 $\delta 0.75$	m²	—	—	（11.380）	—	—	—
	镀锌薄钢板 $\delta 1.0$	m²	—	—	—	（11.380）	—	—
	镀锌薄钢板 $\delta 1.2$	m²	—	—	—	—	（11.380）	（11.380）
	角钢 50×5 以内	kg	40.420	35.660	35.040	37.565	45.140	47.397
	角钢 63	kg	—	—	0.160	0.185	0.260	0.273
	槽钢 5#～16#	kg	—	—	15.287	16.650	20.739	21.776
	扁钢 59 以内	kg	2.150	1.330	1.120	1.095	1.020	1.020
	圆钢 $\phi 5.5\sim9.0$	kg	1.350	1.930	1.490	1.138	0.080	0.080
	圆钢 $\phi 10\sim14$	kg	—	—	—	—	1.850	1.850
	橡胶板 $\delta 1\sim3$	kg	1.840	1.300	0.920	0.893	0.810	0.810
	低碳钢焊条 J427 $\phi 3.2$	kg	2.240	1.060	0.490	0.453	0.340	0.357
	铁铆钉	kg	0.430	0.240	0.220	0.220	0.220	0.231
	乙炔气	kg	0.058	0.052	0.052	0.055	0.065	0.068
	氧气	m³	0.150	0.135	0.135	0.143	0.168	0.176
	尼龙砂轮片 $\phi 400$	片	0.027	0.024	0.023	0.030	0.025	0.025
	其他材料费	%	1.00	1.00	1.00	1.00	1.00	1.00
机械	弧焊机 21kV·A	台班	0.480	0.220	0.100	0.090	0.070	0.070
	台式钻床 16mm	台班	1.150	0.590	0.360	0.348	0.310	0.310
	剪板机 6.3×2 000（安装用）	台班	0.040	0.040	0.030	0.028	0.020	0.020
	折方机 4×2 000	台班	0.040	0.040	0.030	0.028	0.020	0.020
	咬口机 1.5mm	台班	0.040	0.040	0.030	0.028	0.020	0.020

二、镀锌薄钢板共板法兰风管制作、安装

工作内容：1. 制作：放样、下料、折方、轧口、咬口、制作直管、管件、吊托支架、
　　　　钻孔、焊接、组对等。
　　　　2. 安装：配合预留孔洞、找标高、打支架墙洞、埋设吊托支架、组装、
　　　　风管就位、找平、找正、加密封胶条、上角码、弹簧夹、螺栓、紧固等。　　　　计量单位：10m²

编　　号			7-2-12	7-2-13	7-2-14	7-2-15	7-2-16
项　　目			镀锌薄钢板共板法兰矩形风管 （δ＝1.2mm 以内咬口） 长边长（mm 以内）				
			320	450	1 000	1 250	2 000
名　　称		单位	消　耗　量				
人工	合计工日	工日	4.938	3.596	2.702	2.847	3.280
	其中　普工	工日	2.222	1.618	1.216	1.281	1.476
	一般技工	工日	2.222	1.618	1.216	1.281	1.476
	高级技工	工日	0.494	0.360	0.270	0.285	0.328
材料	镀锌薄钢板 δ0.5	m²	（11.800）	—	—	—	—
	镀锌薄钢板 δ0.6	m²	—	（11.800）	—	—	—
	镀锌薄钢板 δ0.75	m²	—	—	（11.800）	—	—
	镀锌薄钢板 δ1.0	m²	—	—	—	（11.800）	—
	镀锌薄钢板 δ1.2	m²	—	—	—	—	（11.800）
	角钢 60	kg	25.420	20.660	—	—	—
	槽钢 5#~16#	kg	—	—	15.287	16.650	20.739
	扁钢 59 以内	kg	2.150	1.330	1.120	1.095	1.020
	圆钢 φ5.5~9.0	kg	1.350	1.930	1.490	1.138	0.080
	圆钢 φ10~14	kg	—	—	—	—	1.850
	低碳钢焊条 J427 φ3.2	kg	1.456	0.647	0.230	0.215	0.167
	弹簧夹	个	21.131	21.674	38.276	28.707	—
	顶丝卡	个	—	—	—	—	98.760
	镀锌风管角码 δ1.0	个	43.530	21.465	12.636	12.051	10.296
	乙炔气	kg	0.038	0.032	0.025	0.026	0.032
	氧气	m³	0.099	0.083	0.064	0.068	0.082
	密封胶 KS 型	kg	0.480	0.349	0.307	0.307	0.307
	橡胶密封条	m	19.340	14.079	10.363	10.004	10.004
	尼龙砂轮片 φ400	片	0.500	0.413	0.309	0.409	0.326
	其他材料费	%	1.00	1.00	1.00	1.00	1.00
机械	等离子切割机 400A	台班	0.336	0.361	0.180	0.175	0.161
	弧焊机 21kV·A	台班	0.312	0.134	0.047	0.044	0.034
	台式钻床 16mm	台班	0.382	0.179	0.132	0.128	0.114
	折方机 4×2 000	台班	0.336	0.361	0.180	0.175	0.161
	咬口机 1.5mm	台班	0.336	0.361	0.180	0.175	0.161

三、薄钢板法兰风管制作、安装

1. 圆 形 风 管

工作内容： 1. 制作：放样、下料、轧口、卷圆、咬口、翻边、铆铆钉、点焊、焊接成型、制作直管、管件、法兰、吊托支架、钻孔、铆焊、上法兰、组对等。
    2. 安装：配合预留孔洞、打支架墙洞、埋设吊托支架、找标高、风管就位、组装、找平、找正、制垫、加垫、上螺栓、紧固等。

计量单位：10m²

编　号			单位	7-2-17	7-2-18	7-2-19	7-2-20
项　目				薄钢板圆形风管（δ＝2mm 以内焊接）　直径（mm 以内）			
				320	450	1 000	2 000
名　称			单位	消　耗　量			
人工	合计工日		工日	20.822	11.789	8.671	8.513
	其中	普工	工日	9.370	5.305	3.902	3.831
		一般技工	工日	9.370	5.305	3.902	3.831
		高级技工	工日	2.082	1.179	0.867	0.851
材料	热轧薄钢板 δ2.0		m²	（10.800）	（10.800）	（10.800）	（10.800）
	角钢 60		kg	0.890	31.600	32.710	33.930
	角钢 63		kg	—	—	2.330	3.190
	扁钢 59 以内		kg	20.640	3.750	2.580	9.270
	圆钢 φ5.5~9.0		kg	2.930	1.900	0.750	0.120
	圆钢 φ10~14		kg	—	—	1.210	4.900
	橡胶板 δ1~3		kg	1.400	1.240	0.970	0.920
	低碳钢焊条 J427 φ2.5		kg	6.350	4.860	4.450	4.360
	低碳钢焊条 J427 φ3.2		kg	0.420	0.340	0.150	0.090
	碳钢气焊条 φ2 以内		kg	1.000	0.900	0.780	0.790
	乙炔气		kg	0.158	0.247	0.121	0.122
	氧气		m³	0.411	0.642	0.315	0.318
	尼龙砂轮片 φ400		片	0.423	0.644	0.684	0.888
	其他材料费		%	1.00	1.00	1.00	1.00
机械	弧焊机 21kV·A		台班	3.960	2.320	1.780	1.740
	台式钻床 16mm		台班	0.620	0.480	0.320	0.250
	法兰卷圆机 L40×4		台班	0.500	0.320	0.170	0.140
	剪板机 6.3×2 000（安装用）		台班	0.060	0.040	0.020	0.020
	卷板机 2×1 600（安装用）		台班	0.060	0.040	0.020	0.020

工作内容： 1. 制作：放样、下料、轧口、卷圆、咬口、翻边、铆铆钉、点焊、焊接成型、
制作直管、管件、法兰、吊托支架、钻孔、铆焊、上法兰、组对等。
　　　　　　2. 安装：配合预留孔洞、打支架墙洞、埋设吊托支架、找标高、风管就位、
组装、找平、找正、制垫、加垫、上螺栓、紧固等。

计量单位：10m²

编　号			7-2-21	7-2-22	7-2-23	7-2-24
项　目			薄钢板圆形风管（δ＝3mm 以内焊接） 直径（mm 以内）			
			320	450	1 000	2 000
名　称		单位	消　耗　量			
人工	合计工日	工日	26.107	13.469	10.162	9.927
	其中 普工	工日	11.748	6.061	4.573	4.467
	一般技工	工日	11.748	6.061	4.573	4.467
	高级技工	工日	2.611	1.347	1.016	0.993
材料	热轧薄钢板 δ3.0	m²	（10.800）	（10.800）	（10.800）	（10.800）
	角钢 60	kg	32.170	33.880	37.270	42.660
	角钢 63	kg	—	—	2.330	3.190
	扁钢 59 以内	kg	4.050	3.560	2.580	9.270
	圆钢 φ5.5~9.0	kg	2.930	1.900	0.750	0.120
	圆钢 φ10~14	kg	—	—	0.960	4.900
	橡胶板 δ1~3	kg	1.460	1.300	0.970	0.920
	低碳钢焊条 J427 φ2.5	kg	15.280	10.070	8.280	8.170
	低碳钢焊条 J427 φ3.2	kg	0.420	0.340	0.150	0.090
	碳钢气焊条 φ2 以内	kg	2.200	1.680	1.480	1.490
	乙炔气	kg	0.802	0.613	0.537	0.545
	氧气	m³	2.085	1.593	1.395	1.416
	尼龙砂轮片 φ400	片	0.677	0.680	0.758	1.039
	其他材料费	%	1.00	1.00	1.00	1.00
机械	弧焊机 21kV·A	台班	4.070	2.270	1.730	1.710
	台式钻床 16mm	台班	0.340	0.290	0.210	0.160
	法兰卷圆机 L40×4	台班	0.500	0.320	0.180	0.140
	剪板机 6.3×2 000（安装用）	台班	0.100	0.060	0.040	0.020
	卷板机 2×1 600（安装用）	台班	0.100	0.060	0.040	0.020

2. 矩 形 风 管

工作内容: 1. 制作:放样、下料、折方、轧口、咬口、翻边、铆铆钉、点焊、焊接成型、
制作直管、管件、法兰、吊托支架、钻孔、铆焊、上法兰、组对等。
2. 安装:配合预留孔洞、找标高、打支架墙洞、埋设吊托支架、组装、风管
就位、找平、找正、制垫、加垫、上螺栓、紧固等。

计量单位:10m²

编　号			7-2-25	7-2-26	7-2-27	7-2-28	7-2-29
项　目			薄钢板矩形风管（δ＝2mm 以内焊接） 长边长（mm 以内）				
			320	450	1 000	1 250	2 000
名　称		单位	消　耗　量				
人工	合计工日		工日	13.109	8.616	6.080	5.891	5.325
	其中	普工	工日	5.899	3.877	2.736	2.651	2.396
		一般技工	工日	5.899	3.877	2.736	2.651	2.396
		高级技工	工日	1.311	0.862	0.608	0.589	0.533
材料	热轧薄钢板 δ2.0		m²	（10.800）	（10.800）	（10.800）	（10.800）	（10.800）
	角钢 60		kg	40.420	35.660	29.220	30.630	34.860
	角钢 63		kg	—	—	0.160	0.185	0.260
	扁钢 59 以内		kg	2.150	1.330	1.120	1.095	1.020
	圆钢 φ5.5~9.0		kg	1.350	1.930	1.490	1.318	0.800
	圆钢 φ10~14		kg	—	—	—	—	1.850
	橡胶板 δ1~3		kg	1.840	1.300	0.920	0.905	0.860
	低碳钢焊条 J427 φ2.5		kg	7.300	5.170	4.100	3.813	2.950
	低碳钢焊条 J427 φ3.2		kg	2.240	1.060	0.490	0.453	0.340
	碳钢气焊条 φ2 以内		kg	1.450	0.930	0.730	0.658	0.440
	乙炔气		kg	0.227	0.144	0.115	0.104	0.070
	氧气		m³	0.591	0.375	0.300	0.271	0.183
	尼龙砂轮片 φ400		片	0.759	0.673	0.553	0.574	0.667
	其他材料费		%	1.00	1.00	1.00	1.00	1.00
机械	弧焊机 21kV·A		台班	3.660	2.050	1.270	1.213	1.040
	台式钻床 16mm		台班	1.020	0.470	0.270	0.260	0.230
	剪板机 6.3×2 000（安装用）		台班	0.070	0.060	0.040	0.040	0.040
	折方机 4×2 000		台班	0.070	0.060	0.040	0.040	0.040

工作内容：1. 制作：放样、下料、折方、轧口、咬口、翻边、铆铆钉、点焊、焊接成型、
　　　　制作直管、管件、法兰、吊托支架、钻孔、铆焊、上法兰、组对等。
　　　　2. 安装：配合预留孔洞、找标高、打支架墙洞、埋设吊托支架、组装、风管
　　　　就位、找平、找正、制垫、加垫、上螺栓、紧固等。　　　　计量单位：10m²

编　号			7-2-30	7-2-31	7-2-32	7-2-33	7-2-34
项　目			薄钢板矩形风管（δ＝3mm 以内焊接）　长边长（mm 以内）				
			320	450	1 000	1 250	2 000
名　称		单位	消　耗　量				
人工	合计工日	工日	15.340	10.007	6.896	6.733	6.244
	其中　普工	工日	6.903	4.503	3.103	3.030	2.810
	一般技工	工日	6.903	4.503	3.103	3.030	2.810
	高级技工	工日	1.534	1.001	0.690	0.673	0.624
材料	热轧薄钢板 δ3.0	m²	（10.800）	（10.800）	（10.800）	（10.800）	（10.800）
	角钢 60	kg	42.860	39.350	34.560	38.178	49.030
	角钢 63	kg	—	—	0.160	0.185	0.260
	扁钢 59 以内	kg	2.150	1.330	1.120	1.095	1.020
	圆钢 φ5.5~9.0	kg	1.350	1.930	1.490	1.138	0.080
	圆钢 φ10~14	kg	—	—	—	—	1.850
	橡胶板 δ1~3	kg	1.890	1.350	0.920	0.905	0.860
	低碳钢焊条 J427 φ2.5	kg	17.700	11.060	7.830	7.298	5.700
	低碳钢焊条 J427 φ3.2	kg	2.240	1.060	0.490	0.453	0.340
	碳钢气焊条 φ2 以内	kg	3.170	3.790	1.390	1.253	0.840
	乙炔气	kg	1.125	0.690	0.490	0.445	0.308
	氧气	m³	2.925	1.794	1.275	1.157	0.801
	尼龙砂轮片 φ400	片	0.801	0.736	0.645	0.701	0.903
	其他材料费	%	1.00	1.00	1.00	1.00	1.00
机械	弧焊机 21kV·A	台班	3.660	2.040	1.270	1.213	1.040
	台式钻床 16mm	台班	1.020	0.520	0.270	0.260	0.230
	剪板机 6.3×2 000（安装用）	台班	0.100	0.070	0.040	0.038	0.030
	折方机 4×2 000	台班	0.100	0.070	0.040	0.040	0.040

四、镀锌薄钢板矩形净化风管制作、安装

工作内容: 1. 制作:放样、下料、折方、轧口、咬口制作直管、管件、法兰、吊托支架、钻孔、铆焊、上法兰、组对、口缝外表面涂密封胶、风管内表面清洗、风管两端封口等。
2. 安装:配合预留孔洞、找标高、打支架墙洞、埋设支吊架、风管就位、组装、制垫、加垫、上螺栓、紧固、找平、找正、风管内表面清洗、管口封闭、法兰口涂密封胶等。

计量单位:10m²

编　号			7-2-35	7-2-36	7-2-37	7-2-38	7-2-39
项　目			镀锌薄钢板矩形净化风管(咬口)　长边长(mm 以内)				
			320	450	1 000	1 250	2 000
名　称		单位	消　耗　量				
人工	合计工日	工日	9.707	7.493	6.064	6.024	5.907
	其中 普工	工日	4.368	3.372	2.729	2.711	2.658
	一般技工	工日	4.368	3.372	2.729	2.711	2.658
	高级技工	工日	0.971	0.749	0.606	0.602	0.591
材料	镀锌薄钢板 $\delta0.5$	m²	(11.490)	—	—	—	—
	镀锌薄钢板 $\delta0.6$	m²	—	(11.490)	—	—	—
	镀锌薄钢板 $\delta0.75$	m²	—	—	(11.490)	—	—
	镀锌薄钢板 $\delta1.0$	m²	—	—	—	(11.490)	—
	镀锌薄钢板 $\delta1.2$	m²	—	—	—	—	(11.490)
	角钢 60	kg	57.720	57.720	62.820	62.820	62.820
	圆钢 $\phi10\sim14$	kg	1.400	1.470	2.000	2.133	2.530
	橡胶板 $\delta1\sim3$	kg	0.680	0.480	0.320	0.310	0.300
	401 胶	kg	0.500	0.350	0.240	0.235	0.220
	密封胶 KS 型	kg	2.000	2.000	2.000	2.000	2.000
	聚氯乙烯薄膜	kg	0.750	0.750	0.750	0.750	0.750
	低碳钢焊条 J427 $\phi3.2$	kg	2.240	1.230	0.500	0.455	0.320
	镀锌铆钉 M4	kg	0.650	0.350	0.330	0.330	0.330
	洗涤剂	kg	7.320	7.320	7.320	7.320	7.320
	白布	m²	1.000	1.000	1.000	1.000	1.000
	白绸	m²	1.000	1.000	1.000	1.000	1.000
	塑料打包带	kg	0.200	0.200	0.200	0.200	0.200
	打包铁卡子	10个	2.000	1.600	0.800	0.750	0.600
	尼龙砂轮片 $\phi400$	片	1.022	1.023	1.120	1.122	1.129
	其他材料费	%	1.00	1.00	1.00	1.00	1.00
机械	弧焊机 21kV·A	台班	0.480	0.250	0.110	0.100	0.070
	台式钻床 16mm	台班	1.580	0.870	0.500	0.485	0.440
	剪板机 6.3×2 000(安装用)	台班	0.040	0.040	0.030	0.033	0.040
	折方机 4×2 000	台班	0.040	0.040	0.030	0.033	0.040
	咬口机 1.5mm	台班	0.040	0.040	0.030	0.033	0.040

五、不锈钢板风管制作、安装

1. 圆 形 风 管

工作内容： 1. 制作：放样、下料、剪切、卷圆、上法兰、点焊、焊接成型、焊缝酸洗、
钝化等。

2. 安装：配合预留孔洞、找标高、找平、找正、固定等。　　　　　　　　　计量单位：10m²

编　号			7-2-40	7-2-41	7-2-42	7-2-43	7-2-44
项　目			不锈钢板圆形风管（电弧焊）　直径 × 壁厚（mm 以内）				
			200×2 以内	400×2 以内	560×2 以内	700×3 以内	700×3 以外
名　称		单位	消　耗　量				
人工	合计工日	工日	36.372	20.594	17.589	15.147	14.872
	其中　普工	工日	6.547	3.707	3.166	2.726	2.677
	一般技工	工日	22.551	12.768	10.905	9.392	9.221
	高级技工	工日	7.274	4.119	3.518	3.029	2.974
材料	不锈钢板 δ2.0	m²	（10.800）	（10.800）	（10.800）	—	—
	不锈钢板 δ3.0	m²	—	—	—	（10.800）	（10.800）
	不锈钢焊条 A102 φ2.5 以内	kg	8.230	6.730	6.120	—	—
	不锈钢焊条 A102 φ3.2	kg	—	—	—	11.020	10.250
	热轧薄钢板 δ0.5	m²	0.100	0.100	0.100	0.150	0.150
	铁砂布 0#~2#	张	26.000	26.000	19.500	19.500	19.500
	石油沥青油毡 350#	m²	1.010	1.010	1.110	1.210	1.210
	硝酸	kg	5.530	5.530	4.000	4.000	4.000
	煤油	kg	1.950	1.950	1.950	1.950	1.950
	钢锯条	条	26.000	26.000	21.000	21.000	21.000
	白垩粉	kg	3.000	3.000	3.000	3.000	3.000
	棉纱头	kg	1.300	1.300	1.300	1.300	1.300
	其他材料费	%	1.00	1.00	1.00	1.00	1.00
机械	弧焊机 20kV·A	台班	6.830	5.620	4.840	5.040	3.080
	卷板机 2×1 600（安装用）	台班	1.490	0.960	0.680	0.550	0.300
	剪板机 6.3×2 000（安装用）	台班	1.490	0.960	0.680	0.550	0.300

工作内容: 1. 制作:放样、下料、剪切、卷圆、上法兰、点焊、焊接成型、焊缝酸洗、钝化等。

2. 安装:配合预留孔洞、找标高、找平、找正、固定等。 计量单位:10m²

编 号			7-2-45	7-2-46	7-2-47	7-2-48	7-2-49
项 目			不锈钢圆形风管(氩弧焊) 直径 × 壁厚(mm)				
			200 × 2 以内	400 × 2 以内	560 × 2 以内	700 × 3 以内	700 × 3 以外
名 称		单位	消 耗 量				
人工	合计工日	工日	45.029	25.495	21.775	18.751	18.412
	其中 普工	工日	8.105	4.589	3.920	3.375	3.314
	一般技工	工日	27.919	15.807	13.500	11.626	11.416
	高级技工	工日	9.005	5.099	4.355	3.750	3.682
材料	不锈钢板 δ2.0	m²	(10.800)	(10.800)	(10.800)	—	—
	不锈钢板 δ3.0	m²	—	—	—	(10.800)	(10.800)
	不锈钢焊丝 1Cr18Ni9Ti	kg	4.115	3.365	3.060	5.510	5.125
	热轧薄钢板 δ0.5	m²	0.100	0.100	0.100	0.150	0.150
	铁砂布 0#~2#	张	26.000	26.000	19.500	19.500	19.500
	硝酸	kg	5.530	5.530	4.000	4.000	4.000
	煤油	kg	1.950	1.950	1.950	1.950	1.950
	钢锯条	条	26.000	26.000	21.000	21.000	21.000
	棉纱头	kg	1.300	1.300	1.300	1.300	1.300
	氩气	m³	11.522	9.422	8.568	15.428	14.350
	铈钨棒	g	23.044	18.844	17.136	30.856	28.700
	其他材料费	%	1.00	1.00	1.00	1.00	1.00
机械	氩弧焊机 500A	台班	13.660	11.240	9.680	10.080	9.310
	卷板机 2×1 600(安装用)	台班	1.490	0.960	0.680	0.550	0.300
	剪板机 6.3×2 000(安装用)	台班	1.490	0.960	0.680	0.550	0.300

2. 矩 形 风 管

工作内容: 1. 制作:放样、下料、剪切、折方、上法兰、点焊、焊接成型、焊缝酸洗、
　　　　　　 钝化等。
　　　　　 2. 安装:配合预留孔洞、找标高、起吊、找正、找平、固定等。　　　　　　　　计量单位:10m²

编　号				7-2-50	7-2-51	7-2-52	7-2-53	7-2-54
项　目				不锈钢板矩形风管（电弧焊）　长边长 × 壁厚（mm）				
				200×2 以内	400×2 以内	560×2 以内	700×3 以内	700×3
名　称			单位	消　耗　量				
人工	合计工日		工日	24.733	14.004	11.961	10.299	10.113
	其中	普工	工日	4.452	2.521	2.153	1.853	1.821
		一般技工	工日	15.335	8.682	7.416	6.386	6.270
		高级技工	工日	4.946	2.801	2.392	2.060	2.022
材料	不锈钢板 δ2.0		m²	（10.800）	（10.800）	（10.800）	—	—
	不锈钢板 δ3.0		m²	—	—	—	（10.800）	（10.800）
	不锈钢焊条 A102 φ2.5 以内		kg	8.230	6.730	6.120	—	—
	不锈钢焊条 A102 φ3.2		kg	—	—	—	11.020	10.250
	热轧薄钢板 δ0.5		m²	0.100	0.100	0.100	0.150	0.150
	铁砂布 0#~2#		张	26.000	26.000	19.500	19.500	19.500
	石油沥青油毡 350#		m²	1.010	1.010	1.110	1.210	1.210
	硝酸		kg	5.530	5.530	4.000	4.000	4.000
	煤油		kg	1.950	1.950	1.950	1.950	1.950
	钢锯条		条	26.000	26.000	21.000	21.000	21.000
	白垩粉		kg	3.000	3.000	3.000	3.000	3.000
	棉纱头		kg	1.300	1.300	1.300	1.300	1.300
	其他材料费		%	1.00	1.00	1.00	1.00	1.00
机械	弧焊机 20kV·A		台班	6.830	5.620	4.840	5.040	3.080
	折方机 4×2 000		台班	1.490	0.960	0.680	0.550	0.300
	剪板机 6.3×2 000（安装用）		台班	1.490	0.960	0.680	0.550	0.300

工作内容：1. 制作：放样、下料、剪切、折方、上法兰、点焊、焊接成型、焊缝酸洗、
钝化等。
2. 安装：配合预留孔洞、找标高、起吊、找正、找平、固定等。　　计量单位：10m²

编　　号			7-2-55	7-2-56	7-2-57	7-2-58	7-2-59
项　　目			不锈钢矩形风管（氩弧焊）　长边长 × 壁厚（mm）				
			200 × 2 以内	400 × 2 以内	560 × 2 以内	700 × 3 以内	700 × 3 以外
名　　称		单位	消　耗　量				
人工	合计工日		工日	30.619	17.337	14.807	12.751	12.520
	其中	普工	工日	5.512	3.121	2.666	2.295	2.253
		一般技工	工日	18.984	10.749	9.180	7.906	7.763
		高级技工	工日	6.123	3.467	2.961	2.550	2.504
材料	不锈钢板 $\delta2.0$		m²	（10.800）	（10.800）	（10.800）	—	—
	不锈钢板 $\delta3.0$		m²	—	—	—	（10.800）	（10.800）
	不锈钢焊丝 1Cr18Ni9Ti		kg	4.115	3.365	3.060	5.510	5.125
	热轧薄钢板 $\delta0.5$		m²	0.100	0.100	0.100	0.150	0.150
	铁砂布 0#~2#		张	26.000	26.000	19.500	19.500	19.500
	硝酸		kg	5.530	5.530	4.000	4.000	4.000
	煤油		kg	1.950	1.950	1.950	1.950	1.950
	钢锯条		条	26.000	26.000	21.000	21.000	21.000
	棉纱头		kg	1.300	1.300	1.300	1.300	1.300
	氩气		m³	11.522	9.422	8.568	15.428	14.350
	铈钨棒		g	23.044	18.844	17.136	30.856	28.700
	其他材料费		%	1.00	1.00	1.00	1.00	1.00
机械	氩弧焊机 500A		台班	13.660	11.240	9.680	10.080	9.310
	折方机 4×2 000		台班	1.490	0.960	0.680	0.550	0.300
	剪板机 6.3×2 000（安装用）		台班	1.490	0.960	0.680	0.550	0.300

六、铝板风管制作、安装

1.圆 形 风 管

工作内容：1.制作：放样、下料、卷圆、制作管件、组对焊接、试漏、清洗焊口等。

2.安装：配合预留孔洞、清理墙洞、找标高、风管就位、找平、找正、

组对焊接、试漏、清洗焊口、固定等。

计量单位：10m²

编 号				7-2-60	7-2-61	7-2-62	7-2-63
项 目				铝板圆形风管（氧乙炔焊） 直径 × 壁厚（mm 以内）			
				200×2	400×2	630×2	2 000×2
名 称			单位	消 耗 量			
人工	合计工日		工日	48.363	35.682	26.842	22.246
	其中	普工	工日	8.705	6.423	4.832	4.004
		一般技工	工日	29.985	22.123	16.642	13.793
		高级技工	工日	9.673	7.136	5.368	4.449
材料	铝板 δ2		m²	（10.800）	（10.800）	（10.800）	（10.800）
	热轧薄钢板 δ0.5		m²	0.100	0.100	0.100	0.150
	铝焊丝 丝 301 φ3.0		kg	2.520	2.040	1.880	2.160
	铝焊粉		kg	3.090	2.520	2.320	2.670
	乙炔气		kg	7.412	5.988	5.477	6.358
	氧气		m³	19.270	15.570	14.240	16.530
	钢锯条		条	13.000	11.050	9.100	9.100
	煤油		kg	1.950	1.950	1.950	1.950
	氢氧化钠（烧碱）		kg	2.600	2.600	2.600	2.600
	酒精		kg	1.300	1.300	1.300	1.300
	铁砂布 0#~2#		张	19.500	19.500	19.500	19.500
	石油沥青油毡 350#		m²	1.010	1.010	1.110	1.210
	棉纱头		kg	1.300	1.300	1.300	1.300
	白垩粉		kg	2.500	2.500	2.500	2.500
	其他材料费		%	1.00	1.00	1.00	1.00
机械	剪板机 6.3×2 000（安装用）		台班	1.110	0.710	0.390	0.280
	卷板机 2×1 600（安装用）		台班	1.110	0.710	0.390	0.280

工作内容： 1. 制作：放样、下料、卷圆、制作管件、组对焊接、试漏、清洗焊口等。
　　　　　　2. 安装：配合预留孔洞、清理墙洞、找标高、风管就位、找平、找正、
　　　　　　　组对焊接、试漏、清洗焊口、固定等。　　　　　　　　　计量单位：10m²

编　号			7-2-64	7-2-65	7-2-66	7-2-67	7-2-68
项　目			铝板圆形风管（氧乙炔焊）　直径 × 壁厚（mm）				
			200×3 以内	400×3 以内	630×3 以内	700×3 以内	700×3 以外
名　称		单位	消　耗　量				
人工	合计工日	工日	51.793	38.151	28.469	23.530	20.413
	其中　普工	工日	9.323	6.867	5.124	4.235	3.674
	一般技工	工日	32.111	23.654	17.651	14.589	12.656
	高级技工	工日	10.359	7.630	5.694	4.706	4.083
材料	铝板 δ3	m²	（10.800）	（10.800）	（10.800）	（10.800）	（10.800）
	热轧薄钢板 δ0.5	m²	0.100	0.100	0.100	0.150	0.150
	铝焊丝　丝 301 φ3.0	kg	3.920	3.180	2.920	3.370	3.150
	铝焊粉	kg	4.040	3.280	3.010	3.490	3.240
	乙炔气	kg	9.496	7.750	7.108	8.231	7.669
	氧气	m³	24.690	20.150	18.480	21.400	19.940
	钢锯条	条	13.000	11.050	9.100	9.100	9.100
	煤油	kg	1.950	1.950	1.950	1.950	1.950
	氢氧化钠（烧碱）	kg	2.600	2.600	2.600	2.600	2.600
	酒精	kg	1.300	1.300	1.300	1.300	1.300
	铁砂布 0#~2#	张	19.500	19.500	19.500	19.500	19.500
	石油沥青油毡 350#	m²	1.010	1.010	1.110	1.210	1.210
	棉纱头	kg	1.300	1.300	1.300	1.300	1.300
	白垩粉	kg	2.500	2.500	2.400	2.300	2.300
	其他材料费	%	1.00	1.00	1.00	1.00	1.00
机械	剪板机 6.3×2 000（安装用）	台班	1.230	0.790	0.440	0.310	0.230
	卷板机 2×1 600（安装用）	台班	1.230	0.790	0.440	0.310	0.230

工作内容： 1. 制作：放样、下料、卷圆、制作管件、组对焊接、试漏、清洗焊口等。
　　　　　　2. 安装：配合预留孔洞、清理墙洞、找标高、风管就位、找平、找正、
　　　　　　　　组对焊接、试漏、清洗焊口、固定等。

计量单位：10m²

			编　　　号		7-2-69	7-2-70	7-2-71	7-2-72
			项　　　目		铝板圆形风管（氩弧焊）　直径 × 壁厚（mm 以内）			
					200 × 2	400 × 2	630 × 2	700 × 2
			名　　　称	单位	消　　耗　　量			
人工	合计工日			工日	44.649	32.942	24.781	20.538
	其中	普工		工日	8.037	5.929	4.461	3.697
		一般技工		工日	27.682	20.425	15.364	12.733
		高级技工		工日	8.930	6.588	4.956	4.108
材料	铝板 δ2			m²	（10.800）	（10.800）	（10.800）	（10.800）
	热轧薄钢板 δ0.5			m²	0.100	0.100	0.100	0.150
	铝锰合金焊丝 丝 321 φ1~6			kg	5.610	4.560	4.200	4.830
	钢锯条			条	13.000	11.050	9.100	9.100
	煤油			kg	1.950	1.950	1.950	1.950
	氢氧化钠（烧碱）			kg	2.600	2.600	2.600	2.600
	酒精			kg	1.300	1.300	1.300	1.300
	铁砂布 0#~2#			张	19.500	19.500	19.500	19.500
	棉纱头			kg	1.300	1.300	1.300	1.300
	氩气			m³	15.708	12.768	11.760	13.524
	铈钨棒			g	31.416	25.536	23.520	27.048
	其他材料费			%	1.00	1.00	1.00	1.00
机械	氩弧焊机 500A			台班	13.660	11.240	10.095	11.720
	剪板机 6.3 × 2 000（安装用）			台班	1.110	0.710	0.390	0.280
	卷板机 2 × 1 600（安装用）			台班	1.110	0.710	0.390	0.280

工作内容： 1.制作：放样、下料、卷圆、制作管件、组对焊接、试漏、清洗焊口等。
　　　　　 2.安装：配合预留孔洞、清理墙洞、找标高、风管就位、找平、找正、
　　　　　　　　　 组对焊接、试漏、清洗焊口、固定等。　　　　　　　　　　　　　计量单位：10m²

编　号				7-2-73	7-2-74	7-2-75	7-2-76	7-2-77
项　目				铝板圆形风管（氩弧焊）　直径 × 壁厚（mm）				
				200×3 以内	400×3 以内	630×3 以内	700×3 以内	700×3 以外
名　称			单位	消　耗　量				
人工	合计工日		工日	47.815	35.221	26.282	21.723	18.846
	其中	普工	工日	8.607	6.340	4.731	3.910	3.392
		一般技工	工日	29.645	21.837	16.295	13.468	11.685
		高级技工	工日	9.563	7.044	5.256	4.345	3.769
材料	铝板 δ3		m²	（10.800）	（10.800）	（10.800）	（10.800）	（10.800）
	热轧薄钢板 δ0.5		m²	0.100	0.100	0.100	0.150	0.150
	铝锰合金焊丝 丝 321 φ1~6		kg	7.960	6.460	5.930	6.860	6.390
	钢锯条		条	13.000	11.050	9.100	9.100	9.100
	煤油		kg	1.950	1.950	1.950	1.950	1.950
	氢氧化钠（烧碱）		kg	2.600	2.600	2.600	2.600	2.600
	酒精		kg	1.300	1.300	1.300	1.300	1.300
	铁砂布 0#~2#		张	19.500	19.500	19.500	19.500	19.500
	棉纱头		kg	1.300	1.300	1.300	1.300	1.300
	氩气		m³	22.288	18.088	16.604	19.208	17.892
	铈钨棒		g	44.576	36.176	33.208	38.416	35.784
	其他材料费		%	1.00	1.00	1.00	1.00	1.00
机械	氩弧焊机 500A		台班	17.498	14.288	13.100	10.080	9.390
	剪板机 6.3×2 000（安装用）		台班	1.230	0.790	0.440	0.310	0.230
	卷板机 2×1 600（安装用）		台班	1.230	0.790	0.440	0.310	0.230

2. 矩 形 风 管

工作内容: 1. 制作:放样、下料、折方、制作管件、组对焊接、试漏、清洗焊口等。

2. 安装:配合预留孔洞、清理墙洞、找标高、风管就位、找平、找正、组对焊接、试漏、清洗焊口、固定等。

计量单位:10m²

编　　号				7-2-78	7-2-79	7-2-80	7-2-81	7-2-82	7-2-83
项　　目				铝板矩形风管(氧乙炔焊) 长边长 × 壁厚(mm 以内)					
				320×2	630×2	2 000×2	320×3	630×3	2 000×3
名　　称			单位	消　耗　量					
人工	合计工日		工日	27.933	19.139	14.798	30.106	19.110	14.798
	其中	普工	工日	5.028	3.445	2.664	5.419	3.440	2.664
		一般技工	工日	17.318	11.866	9.174	18.666	11.848	9.174
		高级技工	工日	5.587	3.828	2.960	6.021	3.822	2.960
材料	铝板 δ2		m²	(10.800)	(10.800)	(10.800)	—	—	—
	铝板 δ3		m²	—	—	—	(10.800)	(10.800)	(10.800)
	铝焊丝 丝 301 φ3.0		kg	3.100	1.720	1.110	4.390	2.960	1.910
	铝焊粉		kg	3.830	2.110	1.370	4.530	3.050	1.980
	乙炔气		kg	8.461	4.652	3.009	9.970	6.678	4.309
	氧气		m³	23.690	13.030	8.430	27.920	18.700	12.070
	钢锯条		条	13.000	8.450	7.800	13.000	9.100	7.800
	煤油		kg	2.600	1.950	1.890	2.600	1.950	1.920
	氢氧化钠(烧碱)		kg	4.500	2.600	2.600	2.600	2.600	2.600
	酒精		kg	1.300	1.300	1.300	1.300	1.300	1.300
	铁砂布 0#~2#		张	19.500	13.000	11.700	19.500	13.000	12.350
	石油沥青油毡 350#		m²	0.500	0.500	0.500	0.500	0.500	0.500
	棉纱头		kg	1.300	1.300	1.300	1.300	1.300	1.300
	白垩粉		kg	2.500	2.500	2.500	2.500	2.500	2.500
	其他材料费		%	1.00	1.00	1.00	1.00	1.00	1.00
机械	剪板机 6.3×2 000(安装用)		台班	0.846	0.680	0.500	0.900	0.810	0.420
	折方机 4×2 000		台班	0.846	0.680	0.500	0.900	0.810	0.420

工作内容：1. 制作：放样、下料、折方、制作管件、组对焊接、试漏、清洗焊口等。
　　　　　2. 安装：配合预留孔洞、清理墙洞、找标高、风管就位、找平、找正、
　　　　　　组对焊接、试漏、清洗焊口、固定等。　　　　　　　　　　计量单位：10m²

编　号			7-2-84	7-2-85	7-2-86	7-2-87	7-2-88	7-2-89
项　目			铝板矩形风管（氩弧焊）　长边长 × 壁厚（mm 以内）					
			320×2	630×2	2 000×2	320×3	630×3	2 400×3
名　称		单位	消　耗　量					
人工	合计工日	工日	31.037	19.139	14.798	30.106	19.110	14.798
	其中 普工	工日	5.587	3.445	2.664	5.419	3.440	2.664
	一般技工	工日	19.243	11.866	9.174	18.666	11.848	9.174
	高级技工	工日	6.207	3.828	2.960	6.021	3.822	2.960
材料	铝板 δ2	m²	(10.800)	(10.800)	(10.800)	—	—	—
	铝板 δ3	m²	—	—	—	(10.800)	(10.800)	(10.800)
	铝锰合金焊丝 丝 321 φ1~6	kg	6.930	3.830	2.480	8.920	6.010	3.890
	钢锯条	条	13.000	8.450	7.800	13.000	9.100	7.800
	煤油	kg	2.600	1.950	1.890	2.600	1.950	1.920
	氢氧化钠（烧碱）	kg	4.500	2.600	2.600	2.600	2.600	2.600
	酒精	kg	1.300	1.300	1.300	1.300	1.300	1.300
	铁砂布 0#~2#	张	19.500	13.000	11.700	19.500	13.000	12.350
	棉纱头	kg	1.300	1.300	1.300	1.300	1.300	1.300
	氩气	m³	19.404	10.724	6.944	24.976	16.828	10.892
	铈钨棒	g	38.808	21.448	13.888	49.952	33.656	21.784
	其他材料费	%	1.00	1.00	1.00	1.00	1.00	1.00
机械	氩弧焊机 500A	台班	16.874	9.441	5.961	19.608	13.293	8.593
	剪板机 6.3×2 000（安装用）	台班	0.940	0.680	0.500	0.900	0.810	0.420
	折方机 4×2 000	台班	0.940	0.680	0.500	0.900	0.810	0.420

七、塑料风管制作、安装

1.圆 形 风 管

工作内容： 1.制作：放样、锯切、坡口、加热成型、制作法兰、管件、钻孔、组合焊接等。
2.安装：配合预留孔洞、就位、制垫、加垫、法兰连接、找平、找正、固定等。 计量单位：10m²

编 号				7-2-90	7-2-91	7-2-92	7-2-93	7-2-94
项 目				塑料圆形风管 直径 × 壁厚（mm 以内）				
				320×3	500×4	800×5	1 250×6	2 000×8
名 称			单位	消 耗 量				
人工	合计工日		工日	23.964	14.849	14.476	14.911	16.016
	其中	普工	工日	10.784	6.682	6.514	6.710	7.207
		一般技工	工日	10.784	6.682	6.514	6.710	7.207
		高级技工	工日	2.396	1.485	1.448	1.491	1.602
材料	硬聚氯乙烯板 δ3~8		m²	（11.600）	（11.600）	（11.600）	（11.600）	（11.600）
	硬聚氯乙烯板 δ6		m²	0.610	0.070	0.460	—	—
	硬聚氯乙烯板 δ8		m²	0.350	0.750	0.060	0.450	0.410
	硬聚氯乙烯板 δ12		m²	—	—	0.640	0.630	0.610
	软聚氯乙烯板 δ4		m²	0.570	0.450	0.380	0.380	0.370
	垫圈 M2~8		10 个	23.000	16.000	—	—	—
	垫圈 M10~20		10 个	—	—	10.400	10.000	8.400
	硬聚氯乙烯焊条 φ4		kg	5.010	4.060	5.190	5.330	5.890
	其他材料费		%	1.00	1.00	1.00	1.00	1.00
机械	台式钻床 16mm		台班	0.660	0.460	0.300	0.290	0.270
	坡口机 2.8kW		台班	0.420	0.290	0.320	0.330	0.360
	电动空气压缩机 0.6m³/min		台班	6.710	4.850	5.670	5.680	5.720
	弓锯床 250mm		台班	0.190	0.130	0.160	0.160	0.150
	箱式加热炉 45kW		台班	2.280	0.750	0.730	0.700	0.620

2. 矩 形 风 管

工作内容： 1. 制作：放样、锯切、坡口、加热成型、制作法兰、管件、钻孔、组合焊接等。
2. 安装：配合预留孔洞、就位、制垫、加垫、法兰连接、找平、找正、固定等。　　　　　计量单位：10m²

编　　　号			7-2-95	7-2-96	7-2-97	7-2-98	7-2-99
项　　　目			塑料矩形风管 长边长 × 壁厚（mm 以内）				
			320 × 3	500 × 4	800 × 5	1 250 × 6	2 000 × 8
名　　　称		单位	消　耗　量				
人工	合计工日	工日	17.896	17.047	16.151	15.911	14.282
	其中 普工	工日	8.053	7.671	7.268	7.160	6.427
	一般技工	工日	8.053	7.671	7.268	7.160	6.427
	高级技工	工日	1.790	1.705	1.615	1.591	1.428
材料	硬聚氯乙烯板 δ3~8	m²	（11.600）	（11.600）	（11.600）	（11.600）	（11.600）
	硬聚氯乙烯板 δ6	m²	0.040	0.820	—	—	—
	硬聚氯乙烯板 δ8	m²	0.580	0.520	0.910	—	—
	硬聚氯乙烯板 δ12	m²	—	—	0.570	1.460	—
	硬聚氯乙烯板 δ14	m²	—	—	—	—	1.120
	软聚氯乙烯板 δ4	m²	0.290	0.260	0.280	0.300	0.310
	垫圈 M10~20	10 个	13.000	10.400	9.600	9.000	8.400
	硬聚氯乙烯焊条 φ4	kg	3.970	4.490	6.020	6.310	7.050
	其他材料费	%	1.00	1.00	1.00	1.00	1.00
机械	台式钻床 16mm	台班	0.350	0.310	0.290	0.260	0.300
	坡口机 2.8kW	台班	0.310	0.380	0.390	0.390	0.410
	电动空气压缩机 0.6m³/min	台班	6.050	6.600	7.120	6.460	6.430
	弓锯床 250mm	台班	0.150	0.200	0.210	0.220	0.210
	箱式加热炉 45kW	台班	0.210	0.090	0.070	0.060	0.060

八、玻璃钢风管安装

1. 圆 形 风 管

工作内容：配合预留孔洞、找标高、打支架墙洞、吊托支架制作及埋设、风管配合
修补、粘接、组装就位、找平、找正、制垫、加垫、上螺栓、紧固等。

计量单位：10m²

编　号			7-2-100	7-2-101	7-2-102	7-2-103
项　目			玻璃钢圆形风管（直径 mm 以内）			
			200	500	800	2 000
名　称		单位	消　耗　量			
人工	合计工日	工日	8.360	4.366	3.590	4.136
	其中　普工	工日	4.180	2.183	1.795	2.068
	一般技工	工日	4.180	2.183	1.795	2.068
材料	玻璃钢风管 1.5~4.0	m²	（10.320）	（10.320）	（10.320）	（10.320）
	角钢 60	kg	8.620	12.640	14.020	14.850
	扁钢 59 以内	kg	4.130	1.420	0.860	3.710
	圆钢 ϕ 5.5~9.0	kg	2.930	1.900	0.750	0.120
	圆钢 ϕ 10~14	kg	—	—	1.210	4.900
	橡胶板 δ1~3	kg	1.400	1.240	0.970	0.920
	低碳钢焊条 J427 ϕ3.2	kg	0.170	0.140	0.060	0.040
	氧气	m³	0.087	0.117	0.123	0.177
	乙炔气	kg	0.033	0.045	0.047	0.068
	其他材料费	%	1.00	1.00	1.00	1.00
机械	弧焊机 21kV·A	台班	0.064	0.052	0.020	0.010
	台式钻床 16mm	台班	0.280	0.240	0.170	0.140
	法兰卷圆机 L40×4	台班	0.500	0.130	0.070	0.020

2. 矩 形 风 管

工作内容: 配合预留孔洞、找标高、打支架墙洞、吊托支架制作及埋设、风管配合
修补、粘接、组装就位、找平、找正、制垫、加垫、上螺栓、紧固等。　　　　　计量单位: 10m²

编　号			7-2-104	7-2-105	7-2-106	7-2-107
项　目			玻璃钢矩形风管（长边长 mm 以内）			
			200	500	800	2 000
名　称		单位	消　耗　量			
人工	合计工日	工日	5.398	3.218	2.424	2.936
	其中 普工	工日	2.699	1.609	1.212	1.468
	一般技工	工日	2.699	1.609	1.212	1.468
材料	玻璃钢风管 1.5~4.0	m²	（10.320）	（10.320）	（10.320）	（10.320）
	角钢 60	kg	16.170	14.260	14.080	18.160
	扁钢 59 以内	kg	0.860	0.530	0.450	0.410
	圆钢 ϕ 5.5~9.0	kg	1.350	1.930	1.490	0.080
	圆钢 ϕ 10~14	kg	—	—	—	1.850
	橡胶板 δ 1~3	kg	1.840	1.300	0.920	0.810
	低碳钢焊条 J427 ϕ 3.2	kg	0.900	0.420	0.180	0.140
	氧气	m³	0.138	0.123	0.117	0.153
	乙炔气	kg	0.053	0.047	0.045	0.059
	其他材料费	%	1.00	1.00	1.00	1.00
机械	弧焊机 21kV·A	台班	0.200	0.090	0.040	0.030
	台式钻床 16mm	台班	0.460	0.240	0.150	0.120

九、复合型酚醛风管制作、安装

1. 法兰圆形风管

工作内容: 1. 制作:放样、切割、开槽、成型、制作管体、钻孔、组合等。
 2. 安装:配合预留孔洞、找标高、打支架墙洞、埋设吊托支架、组装、
  风管就位、制垫、加垫、固定等。

计量单位:10m²

编 号				7-2-108	7-2-109	7-2-110	7-2-111
项 目				复合型圆形风管(直径 mm 以内)			
				300	630	1 000	2 000
名 称			单位	消 耗 量			
人工	合计工日		工日	1.431	0.882	0.853	0.911
	其中	普工	工日	0.644	0.397	0.384	0.410
		一般技工	工日	0.644	0.397	0.384	0.410
		高级技工	工日	0.143	0.088	0.085	0.091
材料	复合型板材		m²	(11.600)	(11.600)	(11.600)	(11.600)
	热敏铝箔胶带 64		m	(35.120)	(20.360)	(13.530)	(8.490)
	扁钢 59 以内		kg	6.640	4.770	3.780	4.440
	圆钢 ϕ 5.5~9.0		kg	4.880	2.750	5.380	7.090
	六角螺母 M6~10		10 个	—	—	3.540	3.030
	垫圈 M2~8		10 个	—	—	3.540	3.030
	其他材料费		%	1.00	1.00	1.00	1.00
机械	开槽机		台班	0.180	0.120	0.130	0.150
	封口机		台班	0.280	0.200	0.130	0.120

2. 法兰矩形风管

工作内容：1. 制作：放样、切割、开槽、成型、制作管体、钻孔、组合等。
　　　　　　2. 安装：配合预留孔洞、找标高、打支架墙洞、埋设吊托支架、组装、
　　　　　　风管就位、制垫、加垫、固定等。

计量单位：10m²

编　号				7-2-112	7-2-113	7-2-114	7-2-115
项　目				复合型矩形风管（长边长 mm）			
				300 以内	630 以内	1 000 以内	1 000 以外
名　称			单位	消　耗　量			
人工	合计工日		工日	1.018	0.960	0.951	0.853
	其中	普工	工日	0.458	0.432	0.428	0.384
		一般技工	工日	0.458	0.432	0.428	0.384
		高级技工	工日	0.102	0.096	0.095	0.085
材料	复合型板材		m²	（11.800）	（11.800）	（11.800）	（11.800）
	热敏铝箔胶带 64		m	（21.230）	（18.040）	（18.520）	（10.270）
	角钢 60		kg	11.870	4.730	2.980	4.400
	圆钢 $\phi 5.5 \sim 9.0$		kg	6.120	4.300	8.000	7.900
	镀锌薄钢板 $\delta 1.0 \sim 1.5$		kg	0.710	1.260	1.260	1.650
	自攻螺钉 ST4×12		10 个	4.000	4.000	5.000	5.000
	六角螺母 M6~10		10 个	—	2.310	5.440	3.450
	垫圈 M2~8		10 个	—	2.310	5.440	3.450
	其他材料费		%	1.00	1.00	1.00	1.00
机械	开槽机		台班	0.160	0.160	0.160	0.180
	封口机		台班	0.130	0.120	0.110	0.130

十、复合型玻纤、玻镁风管制作、安装

1. 法兰圆形风管

工作内容: 1. 制作:放样、切割、开槽、成型、制作管体、钻孔、组合等。
2. 安装:配合预留孔洞、找标高、打支架墙洞、埋设吊托支架、组装、
风管就位、制垫、加垫、固定等。

计量单位:10m²

编 号			7-2-116	7-2-117	7-2-118	7-2-119
项 目			复合型圆形风管(直径 mm 以内)			
			300	630	1 000	2 000
名 称		单位	消 耗 量			
人工	合计工日	工日	1.687	1.040	1.004	1.073
	其中 普工	工日	0.759	0.468	0.452	0.483
	一般技工	工日	0.759	0.468	0.452	0.483
	高级技工	工日	0.169	0.104	0.100	0.107
材料	复合型板材	m²	(12.000)	(12.000)	(12.000)	(12.000)
	扁钢 59 以内	kg	6.640	4.770	3.780	4.440
	圆钢 ϕ 5.5~9.0	kg	4.880	2.750	5.380	7.090
	六角螺母 M6~10	10 个	—	—	3.540	3.030
	垫圈 M2~8	10 个	—	—	3.540	3.030
	玻纤风管专用胶粘剂	kg	1.928	1.928	1.928	1.928
	玻璃纤维布 δ0.2	m²	3.760	2.180	1.450	0.910
	其他材料费	%	1.00	1.00	1.00	1.00
机械	开槽机	台班	0.180	0.120	0.130	0.150

2. 法兰矩形风管

工作内容：1. 制作：放样、切割、开槽、成型、制作管体、钻孔、组合等。

2. 安装：配合预留孔洞、找标高、打支架墙洞、埋设吊托支架、组装、

风管就位、制垫、加垫、固定等。

计量单位：10m²

编　号			7-2-120	7-2-121	7-2-122	7-2-123
项　目			复合型矩形风管（长边长 mm）			
			300 以内	630 以内	1 000 以内	1 000 以外
名　称		单位	消　耗　量			
人工	合计工日		工日	1.200	1.131	1.120	1.004
	其中	普工	工日	0.540	0.509	0.504	0.452
		一般技工	工日	0.540	0.509	0.504	0.452
		高级技工	工日	0.120	0.113	0.112	0.100
材料	复合型板材		m²	（12.200）	（12.200）	（12.200）	（12.200）
	密封胶 KS 型		kg	—	—	—	0.010
	角钢 60		kg	11.870	4.730	2.980	4.400
	圆钢 $\phi 5.5{\sim}9.0$		kg	6.120	4.300	8.000	7.900
	镀锌薄钢板 $\delta 1.0{\sim}1.5$		kg	0.710	1.260	1.260	1.650
	自攻螺钉 ST4×12		10 个	4.000	4.000	5.000	5.000
	六角螺母 M6~10		10 个	—	2.310	5.440	6.250
	垫圈 M2~8		10 个	—	2.310	5.440	3.450
	镀锌圆钢吊杆 带 4 个螺母 4 个垫圈 $\phi 8$		根	—	—	—	1.070
	玻纤风管专用胶粘剂		kg	2.950	2.950	2.950	2.950
	橡塑保温套管 $d10$		m	—	—	—	1.100
	玻璃纤维布 $\delta 0.2$		m²	8.500	7.220	7.410	5.870
	其他材料费		%	1.00	1.00	1.00	1.00
机械	开槽机		台班	0.160	0.160	0.160	0.180

十一、柔性软风管安装

1. 无保温套管

工作内容: 就位、加垫、连接、找平、找正、固定等。 计量单位: m

编　号			7-2-124	7-2-125	7-2-126	7-2-127	7-2-128
项　目			无保温套管（直径 mm 以内）				
			150	250	500	710	910
名　称		单位	消　耗　量				
人工	合计工日	工日	0.029	0.039	0.049	0.069	0.088
	其中 普工	工日	0.013	0.017	0.022	0.031	0.039
	一般技工	工日	0.013	0.018	0.022	0.031	0.040
	高级技工	工日	0.003	0.004	0.005	0.007	0.009
材料	柔性软风管	m	（1.000）	（1.000）	（1.000）	（1.000）	（1.000）
	不锈钢 U 形卡 3	个	1.333	1.333	1.333	1.333	1.333

2. 有保温套管

工作内容: 就位、加垫、连接、找平、找正、固定等。 计量单位: m

编　号			7-2-129	7-2-130	7-2-131	7-2-132	7-2-133
项　目			有保温套管（直径 mm 以内）				
			150	250	500	710	910
名　称		单位	消　耗　量				
人工	合计工日	工日	0.039	0.049	0.069	0.088	0.118
	其中 普工	工日	0.017	0.022	0.031	0.040	0.053
	一般技工	工日	0.018	0.022	0.031	0.039	0.053
	高级技工	工日	0.004	0.005	0.007	0.009	0.012
材料	柔性软风管	m	（1.000）	（1.000）	（1.000）	（1.000）	（1.000）
	不锈钢 U 形卡 3	个	1.333	1.333	1.333	1.333	1.333

十二、弯头导流叶片及其他

工作内容：1. 制作：放样、下料、剪切、成型等。
　　　　　　2. 安装：法兰制作、找标高、找平、找正、制垫、加垫、螺栓固定等。

编　号			7-2-134	7-2-135	7-2-136	7-2-137
项　目			弯头导流叶片	软管接口	风管检查孔	温度、风量测定孔
			m²		100kg	个
名　称		单位	消　耗　量			
人工	合计工日	工日	0.951	0.718	12.611	0.367
	其中 普工	工日	0.428	0.323	5.675	0.165
	一般技工	工日	0.428	0.323	5.675	0.165
	高级技工	工日	0.095	0.072	1.261	0.037
材料	镀锌薄钢板 δ0.75	m²	1.140	—	—	—
	热轧薄钢板 δ1.0~1.5	kg	—	—	76.360	—
	热轧薄钢板 δ2.0~2.5	kg	—	—	—	0.180
	铁铆钉	kg	0.150	0.070	1.430	—
	角钢 60	kg		18.330	—	—
	扁钢 59 以内	kg	—	8.320	31.760	—
	圆钢 φ5.5~9.0	kg	—	—	1.410	—
	六角螺母 M6~10	10个	—	—	12.120	—
	帆布	m²	—	1.150	—	—
	橡胶板 δ1~3	kg	—	0.970	—	—
	低碳钢焊条 J427 φ3.2	kg	—	0.060	4.140	0.110
	弹簧垫圈 2~10	10个	—	—	12.120	0.424
	酚醛塑料把手 BX32	个	—	—	120.040	—
	闭孔乳胶海绵 δ20	m²	—	—	5.070	—
	圆锥销 3×18	10个	—	—	4.040	—
	镀锌丝堵 DN50（堵头）	个	—	—	—	1.000
	熟铁管箍 DN50	个	—	—	—	1.000
	其他材料费	%	1.00	1.00	1.00	1.00
机械	弧焊机 21kV·A	台班	—	0.018	0.690	0.010
	台式钻床 16mm	台班	—	0.144	1.730	0.030
	普通车床 400×1 000（安装用）	台班	—	—	1.500	0.050

十三、抗震支架安装

工作内容: 定位、组对、栽(埋)螺栓、安装、校正等。　　　　　　　　　　**计量单位:**副

编　号				7-2-138	7-2-139
项　目				双通丝杆双层横梁抗震支架	
				单向	双向
名　称			单位	消　耗　量	
人工	合计工日		工日	1.318	1.653
	其中	普工	工日	0.593	0.744
		一般技工	工日	0.593	0.744
		高级技工	工日	0.132	0.165
材料	抗震支架		副	(1.000)	(1.000)
	尼龙砂轮片 ϕ400		片	0.036	0.038
	其他材料费		%	2.00	2.00
机械	砂轮切割机 ϕ400		台班	0.060	0.080

第三章　通风管道部件制作、安装

说　明

　　一、本章内容包括碳钢调节阀安装,柔性软风管阀门安装,铝合金风口安装,不锈钢法兰、吊托支架制作、安装,塑料散流器安装,塑料空气分布器安装,铝制孔板风口安装,碳钢风帽制作、安装,塑料风帽、伸缩节制作、安装,铝板风帽、法兰制作、安装,玻璃钢风帽安装,罩类制作、安装,塑料风罩制作、安装,消声器安装,消声静压箱安装,静压箱制作、安装等项目。

　　二、铝合金百叶风口安装子目适用于各种类型百叶风口。风口的宽与长之比小于或等于 0.125 为条缝形风口,执行百叶风口子目,人工乘以系数 1.10。

　　三、有关说明:

　　1. 密闭式对开多叶调节阀与手动式对开多叶调节阀执行同一子目。

　　2. 蝶阀安装子目适用于圆形保温蝶阀,方、矩形保温蝶阀,圆形蝶阀,方、矩形蝶阀,风管止回阀安装子目适用于圆形风管止回阀,方形风管止回阀。

　　3. 铝合金或其他材料制作的调节阀安装应执行本章相应子目。

　　4. 铝合金散流器安装子目适用于圆形直片散流器、方形直片散流器、流线型散流器。

　　5. 铝合金送吸风口安装子目适用于单面送吸风口、双面送吸风口。

　　6. 碳钢风口安装应执行铝合金风口子目,人工乘以系数 1.10。

　　7. 铝制孔板风口如需电化处理时,电化费另行计算。

　　8. 其他材质和形式的排气罩制作与安装可执行本章中相近的子目。

　　9. 管式消声器安装适用于各类管式消声器。

　　10. 静压箱吊托支架执行设备支架子目。

　　11. 手摇(脚踏)电动两用风机安装,其支架按与设备配套编制,若自行制作,按本册第一章"通风空调设备及部件制作、安装"子目另行计算。

　　12. 排烟风口吊托支架执行本册第一章"通风空调设备及部件制作、安装"子目。

工程量计算规则

一、碳钢调节阀安装依据其类型、直径（圆形）或周长（方形），按设计图示数量计算，以"个"为计量单位。

二、柔性软风管阀门安装按设计图示数量计算，以"个"为计量单位。

三、铝合金各种风口、散流器的安装依据类型、规格尺寸按设计图示数量计算，以"个"为计量单位。

四、铝合金百叶窗及活动金属百叶风口安装依据规格尺寸按设计图示数量计算，以"个"为计量单位。

五、塑料通风管道柔性接口及伸缩节制作与安装应依连接方式按设计图示尺寸以展开面积计算，以"m²"为计量单位。

六、塑料通风管道分布器、散流器的制作与安装按其规格，以"个"为计量单位。

七、塑料通风管道风帽、罩类的制作均按其质量，以"kg"为计量单位；非标准罩类制作按成品质量，以"kg"为计量单位。罩类为成品安装时制作不再计算。

八、不锈钢板风管圆形法兰制作按设计图示尺寸以质量计算，以"kg"为计量单位。

九、不锈钢板风管吊托支架制作与安装按设计图示尺寸以质量计算，以"kg"为计量单位。

十、铝板圆伞形风帽、铝板风管圆、矩形法兰制作按设计图示尺寸以质量计算，以"kg"为计量单位。

十一、碳钢风帽的制作与安装均按其质量以"kg"为计量单位；非标准风帽制作与安装按成品质量以"kg"为计量单位。风帽为成品安装时制作不再计算。

十二、碳钢风帽筝绳制作与安装按设计图示规格长度以质量计算，以"kg"为计量单位。

十三、碳钢风帽泛水制作与安装按设计图示尺寸以展开面积计算，以"m²"为计量单位。

十四、碳钢风帽滴水盘制作与安装按设计图示尺寸以质量计算，以"kg"为计量单位。

十五、玻璃钢风帽安装依据成品质量按设计图示数量计算，以"kg"为计量单位。

十六、罩类的制作与安装均按其质量以"kg"为计量单位；非标准罩类制作与安装按成品质量以"kg"为计量单位。罩类为成品安装时制作不再计算。

十七、微穿孔板消声器、管式消声器、阻抗式消声器成品安装按设计图示数量计算，以"节"为计量单位。

十八、消声弯头安装按设计图示数量计算，以"个"为计量单位。

十九、消声静压箱安装按设计图示数量计算，以"个"为计量单位。

二十、静压箱制作与安装按设计图示尺寸以展开面积计算，以"m²"为计量单位。

一、碳钢调节阀安装

工作内容： 号孔、钻孔、对口、校正、制垫、加垫、上螺栓、紧固、试动等。　　　　　　　　　　计量单位：个

编　号			7-3-1	7-3-2	7-3-3	7-3-4	7-3-5	7-3-6
项　目			空气加热器上通阀	空气加热器旁通阀	圆形瓣式启动阀　直径（mm 以内）			
					600	800	1 000	1 300
名　称		单位	消　耗　量					
人工	合计工日	工日	1.118	0.736	1.000	1.254	1.540	2.048
	其中 普工	工日	0.559	0.368	0.500	0.627	0.770	1.024
	一般技工	工日	0.559	0.368	0.500	0.627	0.770	1.024
材料	空气加热器上通阀	个	（1.000）	—	—	—	—	—
	空气加热器旁通阀	个	—	（1.000）	—	—	—	—
	圆形瓣式启动阀	个	—	—	（1.000）	（1.000）	（1.000）	（1.000）
	扁钢 60 以外	kg	1.060	—	—	—	—	—
	垫圈 M10~20	10 个	0.600	—	—	—	—	—
	低碳钢焊条 J427 ϕ3.2	kg	0.230	—	—	—	—	—
	橡胶板 δ1~3	kg	—	—	0.220	0.270	0.380	0.540
	其他材料费	%	1.00	1.00	1.00	1.00	1.00	1.00
机械	弧焊机 21kV·A	台班	0.020	—	—	—	—	—
	台式钻床 16mm	台班	0.010	0.010	0.030	0.030		
	立式钻床 35mm	台班	—	—	—	—	0.170	0.250

工作内容： 号孔、钻孔、对口、校正、制垫、加垫、上螺栓、紧固、试动等。　　　　　　　计量单位：个

编　号			7-3-7	7-3-8	7-3-9	7-3-10	7-3-11
项　目			风管蝶阀　周长（mm 以内）				
			800	1 600	2 400	3 200	4 000
名　称		单位	消　耗　量				
人工	合计工日	工日	0.206	0.294	0.510	0.686	0.940
	其中　普工	工日	0.103	0.147	0.255	0.343	0.470
	一般技工	工日	0.103	0.147	0.255	0.343	0.470
材料	蝶阀	个	(1.000)	(1.000)	(1.000)	(1.000)	(1.000)
	橡胶板 $\delta 1\sim3$	kg	0.110	0.220	0.320	0.490	0.590
	其他材料费	%	1.00	1.00	1.00	1.00	1.00
机械	台式钻床 16mm	台班	0.030	—	—	—	—
	立式钻床 35mm	台班	—	0.250	0.380	0.500	0.700

工作内容： 号孔、钻孔、对口、校正、制垫、加垫、上螺栓、紧固、试动等。　　　　　　　计量单位：个

编　号			7-3-12	7-3-13	7-3-14	7-3-15
项　目			圆、方形风管止回阀　周长（mm 以内）			
			800	1 200	2 000	3 200
名　称		单位	消　耗　量			
人工	合计工日	工日	0.244	0.274	0.420	0.490
	其中　普工	工日	0.122	0.137	0.210	0.245
	一般技工	工日	0.122	0.137	0.210	0.245
材料	风管止回阀	个	(1.000)	(1.000)	(1.000)	(1.000)
	橡胶板 $\delta 1\sim3$	kg	0.110	0.160	0.270	0.490
	其他材料费	%	1.00	1.00	1.00	1.00
机械	立式钻床 35mm	台班	0.250	0.250	0.380	0.500

工作内容：号孔、钻孔、对口、校正、制垫、加垫、上螺栓、紧固、试动等。　　　　　　　　　计量单位：个

编　号			7-3-16	7-3-17	7-3-18
项　目			密闭式斜插板阀　直径（mm 以内）		
			140	280	340
名　称		单位	消　耗　量		
人工	合计工日	工日	0.206	0.234	0.274
	其中　普工	工日	0.103	0.117	0.137
	一般技工	工日	0.103	0.117	0.137
材料	密闭式斜插板阀	个	（1.000）	（1.000）	（1.000）
	橡胶板　$\delta 1\sim 3$	kg	0.050	0.110	0.160
	其他材料费	%	1.00	1.00	1.00
机械	台式钻床 16mm	台班	0.012	0.018	0.024

工作内容：号孔、钻孔、对口、校正、制垫、加垫、上螺栓、紧固、试动等。　　　　　　　　　计量单位：个

编　号			7-3-19	7-3-20	7-3-21	7-3-22	7-3-23	7-3-24
项　目			对开多叶调节阀　周长（mm 以内）					
			2 800	4 000	5 200	6 500	8 000	10 000
名　称		单位	消　耗　量					
人工	合计工日	工日	0.440	0.490	0.588	0.706	0.846	1.016
	其中　普工	工日	0.220	0.245	0.294	0.353	0.423	0.508
	一般技工	工日	0.220	0.245	0.294	0.353	0.423	0.508
材料	对开多叶调节阀	个	（1.000）	（1.000）	（1.000）	（1.000）	（1.000）	（1.000）
	橡胶板　$\delta 1\sim 3$	kg	0.320	0.430	0.650	0.810	1.000	1.250
	其他材料费	%	1.00	1.00	1.00	1.00	1.00	1.00
机械	立式钻床 35mm	台班	0.380	0.500	0.700	0.896	1.154	1.471

工作内容: 号孔、钻孔、对口、校正、制垫、加垫、上螺栓、紧固、试动等。　　　　　　　　　　计量单位: 个

编　号			7-3-25	7-3-26	7-3-27	7-3-28
项　目			风管防火阀　周长（mm 以内）			
			2 200	3 600	5 400	8 000
名　称		单位	消　耗　量			
人工	合计工日	工日	0.702	1.142	1.570	2.324
	其中 普工	工日	0.351	0.571	0.785	1.162
	一般技工	工日	0.351	0.571	0.785	1.162
材料	风管防火阀	个	（1.000）	（1.000）	（1.000）	（1.000）
	橡胶板 δ1~3	kg	0.270	0.430	0.650	0.970
	其他材料费	%	1.00	1.00	1.00	1.00
机械	立式钻床 35mm	台班	0.380	0.500	0.700	1.036

二、柔性软风管阀门安装

工作内容: 号孔、钻孔、对口、校正、制垫、加垫、上螺栓、紧固等。　　　　　　　　　　计量单位: 个

编　号			7-3-29	7-3-30	7-3-31	7-3-32	7-3-33
项　目			柔性软风管阀门　直径（mm 以内）				
			150	250	500	710	910
名　称		单位	消　耗　量				
人工	合计工日	工日	0.038	0.048	0.078	0.098	0.136
	其中 普工	工日	0.019	0.024	0.039	0.049	0.068
	一般技工	工日	0.019	0.024	0.039	0.049	0.068
机械	柔性软风管阀门	个	（1.000）	（1.000）	（1.000）	（1.000）	（1.000）

三、铝合金风口安装

工作内容:对口、上螺栓、制垫、加垫、找正、找平、固定、试动、调整等。 　　　　　　　　**计量单位:**个

编　号				7-3-34	7-3-35	7-3-36	7-3-37	7-3-38	7-3-39	7-3-40	7-3-41
项　目				百叶风口　周长(mm 以内)							
				900	1 280	1 800	2 500	3 300	4 800	6 000	7 000
名　称			单位	消 耗 量							
人工	合计工日		工日	0.140	0.178	0.350	0.406	0.458	0.596	0.768	0.910
	其中	普工	工日	0.070	0.089	0.175	0.203	0.229	0.298	0.384	0.455
		一般技工	工日	0.070	0.089	0.175	0.203	0.229	0.298	0.384	0.455
材料	百叶风口		个	(1.000)	(1.000)	(1.000)	(1.000)	(1.000)	(1.000)	(1.000)	(1.000)
	扁钢 59 以内		kg	0.610	0.800	1.130	1.570	2.070	2.790	3.480	4.070
	其他材料费		%	1.00	1.00	1.00	1.00	1.00	1.00	1.00	1.00
机械	台式钻床 16mm		台班	0.030	0.030	0.030	0.030	0.030	0.030	0.030	0.040

工作内容:对口、上螺栓、制垫、加垫、找正、找平、固定、试动、调整等。 　　　　　　　　**计量单位:**个

编　号				7-3-42	7-3-43	7-3-44
项　目				矩形送风口　周长(mm 以内)		
				400	600	800
名　称			单位	消 耗 量		
人工	合计工日		工日	0.130	0.164	0.208
	其中	普工	工日	0.065	0.082	0.104
		一般技工	工日	0.065	0.082	0.104
材料	矩形送风口		个	(1.000)	(1.000)	(1.000)
	扁钢 59 以内		kg	0.120	0.180	0.220
	铜蝶形螺母 M8		10 个	0.400	0.400	0.400
	垫圈 M2~8		10 个	0.400	0.400	0.400
	其他材料费		%	1.00	1.00	1.00

工作内容: 对口、上螺栓、制垫、加垫、找正、找平、固定、试动、调整等。 计量单位:个

编　号			7-3-45	7-3-46	7-3-47	7-3-48	7-3-49
项　目			矩形空气分布器 周长(mm 以内)			旋转吹风口 直径(mm 以内)	
			1 200	1 500	2 100	320	450
名　称		单位	消　耗　量				
人工	合计工日	工日	0.458	0.538	0.640	0.408	0.676
	其中 普工	工日	0.229	0.269	0.320	0.204	0.338
	一般技工	工日	0.229	0.269	0.320	0.204	0.338
材料	矩形空气分布器	个	(1.000)	(1.000)	(1.000)	—	—
	旋转吹风口	个	—	—	—	(1.000)	(1.000)
	六角螺母 M6~10	10 个	—	—	—	0.600	0.600
	橡胶板 $\delta1$~3	kg	0.160	0.220	0.270	—	—
	无石棉橡胶板 高压 $\delta1$~6	kg	—	—	—	0.760	1.210
	其他材料费	%	1.00	1.00	1.00	1.00	1.00

工作内容: 对口、上螺栓、制垫、加垫、找正、找平、固定、试动、调整等。 计量单位:个

编　号			7-3-50	7-3-51	7-3-52	7-3-53	7-3-54	7-3-55
项　目			方形散流器 周长(mm 以内)			圆形、流线型散流器 直径(mm 以内)		
			500	1 000	2 000	200	360	500
名　称		单位	消　耗　量					
人工	合计工日	工日	0.174	0.216	0.312	0.156	0.294	0.380
	其中 普工	工日	0.087	0.108	0.156	0.078	0.147	0.190
	一般技工	工日	0.087	0.108	0.156	0.078	0.147	0.190
材料	散流器	个	(1.000)	(1.000)	(1.000)	(1.000)	(1.000)	(1.000)
	橡胶板 $\delta1$~3	kg	0.050	0.160	0.270	0.050	0.050	0.110
	其他材料费	%	1.00	1.00	1.00	1.00	1.00	1.00

工作内容: 对口、上螺栓、制垫、加垫、找正、找平、固定、试动、调整等。　　　　**计量单位:** 个

编　号			7-3-56	7-3-57	7-3-58	7-3-59	7-3-60	7-3-61
项　目			带调节阀（过滤器）百叶风口安装　周长（mm 以内）					
			800	1 200	1 800	2 400	3 200	4 000
名　称		单位	消　耗　量					
人工	合计工日	工日	0.272	0.322	0.494	0.658	0.884	0.988
	其中　普工	工日	0.136	0.161	0.247	0.329	0.442	0.494
	一般技工	工日	0.136	0.161	0.247	0.329	0.442	0.494
材料	带调节阀（过滤器）百叶风口	个	（1.000）	（1.000）	（1.000）	（1.000）	（1.000）	（1.000）
	镀锌角钢 60 以内	kg	1.790	2.150	3.220	4.300	5.730	7.160
	橡胶板 $\delta 1\sim 3$	kg	0.120	0.180	0.270	0.360	0.480	0.600
	自攻螺钉 ST4×12	10 个	0.728	1.144	1.664	2.288	3.016	3.744
	其他材料费	%	1.00	1.00	1.00	1.00	1.00	1.00

工作内容: 对口、上螺栓、制垫、加垫、找正、找平、固定、试动、调整等。　　　　**计量单位:** 个

编　号			7-3-62	7-3-63	7-3-64	7-3-65	7-3-66	7-3-67	7-3-68	7-3-69
项　目			带调节阀散流器安装（圆形）　直径（mm 以内）							
			150	200	250	300	350	400	450	500
名　称		单位	消　耗　量							
人工	合计工日	工日	0.208	0.272	0.354	0.420	0.494	0.518	0.544	0.642
	其中　普工	工日	0.104	0.136	0.177	0.210	0.247	0.259	0.272	0.321
	一般技工	工日	0.104	0.136	0.177	0.210	0.247	0.259	0.272	0.321
材料	带调节阀散流器	个	（1.000）	（1.000）	（1.000）	（1.000）	（1.000）	（1.000）	（1.000）	（1.000）
	镀锌角钢 60 以内	kg	1.790	1.790	1.790	2.150	2.150	3.220	3.220	4.300
	橡胶板 $\delta 1\sim 3$	kg	0.110	0.110	0.150	0.150	0.200	0.200	0.300	0.300
	木螺钉 $d4×65$ 以下	10 个	0.420	0.520	0.620	0.730	0.830	0.940	1.040	1.140
	其他材料费	%	1.00	1.00	1.00	1.00	1.00	1.00	1.00	1.00

工作内容: 对口、上螺栓、制垫、加垫、找正、找平、固定、试动、调整等。　　　　　　　　　　　计量单位:个

编　号			7-3-70	7-3-71	7-3-72	7-3-73
项　目			带调节阀散流器安装(方、矩形) 周长(mm 以内)			
			800	1 200	1 800	2 400
名　称		单位	消　耗　量			
人工	合计工日		工日	0.362	0.444	0.518	0.766
	其中	普工	工日	0.181	0.222	0.259	0.383
		一般技工	工日	0.181	0.222	0.259	0.383
材料	带调节阀散流器		个	(1.000)	(1.000)	(1.000)	(1.000)
	镀锌角钢 60 以内		kg	1.790	2.150	3.220	4.300
	橡胶板 $\delta 1{\sim}3$		kg	0.260	0.390	0.520	0.650
	木螺钉 $d4 \times 65$ 以下		10 个	0.830	1.250	1.460	2.080
	其他材料费		%	1.00	1.00	1.00	1.00

工作内容: 对口、上螺栓、制垫、加垫、找正、找平、固定、试动、调整等。　　　　　　　　　　　计量单位:个

编　号			7-3-74	7-3-75	7-3-76	7-3-77	7-3-78	7-3-79
项　目			送吸风口 周长(mm 以内)			活动篦式风口 周长(mm 以内)		
			1 000	1 600	2 000	1 330	1 910	2 590
名　称		单位	消　耗　量					
人工	合计工日		工日	0.242	0.268	0.282	0.302	0.356	0.450
	其中	普工	工日	0.121	0.134	0.141	0.151	0.178	0.225
		一般技工	工日	0.121	0.134	0.141	0.151	0.178	0.225
材料	送吸风口		个	(1.000)	(1.000)	(1.000)	—	—	—
	活动篦式风口		个	—	—	—	(1.000)	(1.000)	(1.000)
	橡胶板 $\delta 1{\sim}3$		kg	0.050	0.110	0.160	—	—	—
	圆钢 $\phi 10{\sim}14$		kg	—	—	—	0.020	0.020	0.020
	半圆头螺钉 M4×6		10 套	—	—	—	1.000	1.100	1.400
	铁铆钉		kg	—	—	—	0.020	0.020	0.020
	其他材料费		%	1.00	1.00	1.00	1.00	1.00	1.00
机械	台式钻床 16mm		台班	—	—	—	0.080	0.090	0.100

工作内容：对口、上螺栓、制垫、加垫、找正、找平、固定、试动、调整等。 　　　　　计量单位：个

	编　号		7-3-80	7-3-81	7-3-82	7-3-83
	项　目		网式风口 周长（mm 以内）			
			900	1 500	2 000	2 600
	名　称	单位	消　耗　量			
人工	合计工日	工日	0.112	0.138	0.146	0.164
	其中 普工	工日	0.056	0.069	0.073	0.082
	一般技工	工日	0.056	0.069	0.073	0.082
材料	网式风口	个	（1.000）	（1.000）	（1.000）	（1.000）
	其他材料费	%	1.00	1.00	1.00	1.00

工作内容：对口、上螺栓、制垫、加垫、找正、找平、固定、试动、调整等。 　　　　　计量单位：个

	编　号		7-3-84	7-3-85	7-3-86	7-3-87
	项　目		钢百叶窗 框内面积（m² 以内）			
			0.5	1.0	2.0	4.0
	名　称	单位	消　耗　量			
人工	合计工日	工日	0.284	0.424	0.736	0.780
	其中 普工	工日	0.142	0.212	0.368	0.390
	一般技工	工日	0.142	0.212	0.368	0.390
材料	钢百叶窗	个	（1.000）	（1.000）	（1.000）	（1.000）
	扁钢 59 以内	kg	0.210	0.310	0.410	0.510
	木螺钉 $d6 \times 100$	10 个	—	—	0.100	0.100
	其他材料费	%	1.00	1.00	1.00	1.00

工作内容： 开箱检查、除污锈、就位、上螺栓、固定、试动等。　　　　　　　　　　　　　　　　　　　　　　　**计量单位：** 个

	编　号		7-3-88	7-3-89	7-3-90	7-3-91	7-3-92	7-3-93	7-3-94
	项　目		板式排烟口　周长（mm 以内）						
			800	1 280	1 600	2 000	2 800	3 200	4 000
	名　称	单位	消　耗　量						
人工	合计工日	工日	0.208	0.260	0.302	0.346	0.468	0.546	0.728
	其中　普工	工日	0.104	0.130	0.151	0.173	0.234	0.273	0.364
	其中　一般技工	工日	0.104	0.130	0.151	0.173	0.234	0.273	0.364
材料	板式排烟口	个	（1.000）	（1.000）	（1.000）	（1.000）	（1.000）	（1.000）	（1.000）
	橡胶板	kg	0.080	0.080	0.120	0.240	0.280	0.320	0.400
	其他材料费	%	1.00	1.00	1.00	1.00	1.00	1.00	1.00

工作内容： 开箱检查、除污锈、就位、上螺栓、固定、试动等。　　　　　　　　　　　　　　　　　　　　　　　**计量单位：** 个

	编　号		7-3-95	7-3-96	7-3-97	7-3-98	7-3-99	7-3-100	7-3-101	7-3-102
	项　目		多叶排烟口（送风口）　周长（mm 以内）							
			1 200	2 000	2 600	3 200	3 800	4 400	4 800	5 200
	名　称	单位	消　耗　量							
人工	合计工日	工日	0.156	0.156	0.174	0.190	0.208	0.224	0.234	0.242
	其中　普工	工日	0.078	0.078	0.087	0.095	0.104	0.112	0.117	0.121
	其中　一般技工	工日	0.078	0.078	0.087	0.095	0.104	0.112	0.117	0.121
材料	多叶排烟口（送风口）	个	（1.000）	（1.000）	（1.000）	（1.000）	（1.000）	（1.000）	（1.000）	（1.000）
	扁钢 59 以内	kg	0.470	0.590	0.640	0.750	0.830	0.980	1.100	1.190
	其他材料费	%	1.00	1.00	1.00	1.00	1.00	1.00	1.00	1.00
机械	台式钻床 16mm	台班	0.030	0.030	0.030	0.030	0.030	0.030	0.030	0.030

四、不锈钢法兰、吊托支架制作、安装

工作内容: 1. 制作:下料、号料、开孔、钻孔、组对、点焊、焊接成型、焊缝酸洗、钝化等。

2. 安装:制垫、加垫、找平、找正、组对、固定等。

计量单位:100kg

编　号			7-3-103	7-3-104	7-3-105
项　目			不锈钢圆形法兰 (手工氩弧焊、电焊)		吊托支架
			5kg 以内	5kg 以外	
名　称		单位	消　耗　量		
人工	合计工日		工日	26.754	9.800	5.806
	其中	普工	工日	4.816	1.764	2.903
		一般技工	工日	16.587	6.076	2.903
		高级技工	工日	5.351	1.960	—
材料	不锈钢扁钢 59 以内		kg	(96.000)	(101.000)	(20.500)
	角钢 60		kg	—	—	(63.000)
	扁钢 59 以内		kg	—	—	(20.500)
	不锈钢垫圈 M10~12		10 个	—	—	4.630
	不锈钢焊条 A102 ϕ3.2		kg	6.300	3.100	0.400
	不锈钢氩弧焊丝 1Cr18Ni9Ti ϕ3		kg	2.700	1.800	—
	耐酸橡胶板 δ3		kg	6.800	3.800	—
	氩气		m³	6.300	3.300	—
	乙炔气		kg	—	—	0.639
	氧气		m³	—	—	1.788
	砂轮片		片	—	—	1.440
	其他材料费		%	1.00	1.00	1.00
机械	弧焊机 20kV·A		台班	6.597	3.246	0.419
	台式钻床 16mm		台班	0.900	—	0.200
	氩弧焊机 500A		台班	4.100	1.600	—
	普通车床 400×1 000(安装用)		台班	4.968	—	—
	普通车床 630×1 400(安装用)		台班	—	2.300	—
	立式钻床 35mm		台班	—	1.400	—
	法兰卷圆机 L40×4		台班	0.500	0.500	—
	等离子切割机 400A		台班	—	1.000	—

五、塑料散流器安装

工作内容:制垫、加垫、找正、连接、固定等。　　　　　　　　　　　　　　计量单位:个

编　号			7-3-106	7-3-107
项　目			塑料直片式散流器(直径)	
			400 以内	400 以外
名　　称		单位	消　耗　量	
人工	合计工日	工日	0.328	0.476
	其中 普工	工日	0.164	0.238
	一般技工	工日	0.164	0.238
机械	台式钻床 16mm	台班	0.075	0.092

六、塑料空气分布器安装

工作内容:制垫、加垫、找正、焊接、固定等。　　　　　　　　　　　　　　计量单位:个

编　号			7-3-108	7-3-109	7-3-110	7-3-111	7-3-112	7-3-113
项　目			楔形空气分布器				矩形空气分布器	
			网板式		活动百叶式		≤ 500 × 710	> 500 × 710
			≤ 350 × 580	> 350 × 580	≤ 350 × 580	> 350 × 580		
名　　称		单位	消　耗　量					
人工	合计工日	工日	0.189	0.377	0.263	0.393	0.154	0.375
	其中 普工	工日	0.094	0.188	0.131	0.196	0.077	0.187
	一般技工	工日	0.095	0.189	0.132	0.197	0.077	0.188
机械	台式钻床 16mm	台班	0.075	0.092	0.075	0.092	0.075	0.092

七、铝制孔板风口安装

工作内容: 制垫、加垫、找正、找平、固定等。 计量单位:个

编　号				7-3-114	7-3-115	7-3-116	7-3-117	7-3-118	7-3-119	7-3-120	7-3-121
项　目				百叶风口 周长(mm 以内)							
				900	1 280	1 800	2 500	3 300	4 800	6 000	7 000
名　称			单位	消　耗　量							
人工	合计工日		工日	0.128	0.162	0.318	0.366	0.414	0.540	0.694	0.822
	其中	普工	工日	0.064	0.081	0.159	0.183	0.207	0.270	0.347	0.411
		一般技工	工日	0.064	0.081	0.159	0.183	0.207	0.270	0.347	0.411
材料	铝制孔板风口		个	(1.000)	(1.000)	(1.000)	(1.000)	(1.000)	(1.000)	(1.000)	(1.000)
	镀锌木螺钉 $d6 \times 100$		10 个	4.000	6.000	6.000	10.000	14.000	20.000	24.000	26.000
	其他材料费		%	1.00	1.00	1.00	1.00	1.00	1.00	1.00	1.00

八、碳钢风帽制作、安装

1.圆伞形风帽、锥形风帽制作、安装

工作内容: 1.制作:放样、下料、卷制、咬口、制作法兰、零件、钻孔、铆焊、组装等。
2.安装:找正、找平、制垫、加垫、上螺栓、拉筝绳、固定等。　　　　　　　　计量单位:100kg

编　号				7-3-122	7-3-123	7-3-124	7-3-125	7-3-126	7-3-127
项　目				圆伞形风帽（kg）			锥形风帽（kg）		
				10以内	50以内	50以外	25以内	100以内	100以外
名　称			单位	消　耗　量					
人工	合计工日		工日	16.660	6.742	4.096	11.469	7.120	5.869
	其中	普工	工日	7.497	3.034	1.843	5.161	3.204	2.641
		一般技工	工日	7.497	3.034	1.843	5.161	3.204	2.641
		高级技工	工日	1.666	0.674	0.410	1.147	0.712	0.587
材料	热轧薄钢板 δ1.0~1.5		kg	82.740	96.060	101.500	98.830	105.760	114.580
	角钢 60		kg	21.050	14.340	10.660	6.380	5.440	4.170
	扁钢 59以内		kg	13.890	8.780	8.350	14.810	10.580	5.020
	圆钢 ϕ5.5~9.0		kg	—	1.960	2.150	—	—	—
	橡胶板 δ1~3		kg	1.080	0.760	0.380	3.780	0.270	0.160
	垫圈 M2~8		10个	8.331	3.977	1.684	5.590	3.125	0.960
	低碳钢焊条 J427 ϕ3.2		kg	1.570	0.280	0.110	1.380	0.790	0.280
	碳钢气焊条 ϕ2以内		kg	0.100	0.100	0.100	2.110	1.180	0.700
	乙炔气		kg	0.043	0.043	0.043	1.061	0.609	0.370
	氧气		m³	0.120	0.120	0.120	2.970	1.710	1.040
	其他材料费		%	1.00	1.00	1.00	1.00	1.00	1.00
机械	弧焊机 21kV·A		台班	0.190	0.090	0.080	0.400	0.250	0.080
	台式钻床 16mm		台班	0.980	0.470	0.200	0.460	0.250	0.100
	法兰卷圆机 L40×4		台班	0.130	0.050	0.020	0.130	0.050	0.020

2. 筒形风帽制作、安装

工作内容: 1. 制作: 放样、下料、卷制、咬口、制作法兰、零件、钻孔、铆焊、组装等。

2. 安装: 找正、找平、制垫、加垫、上螺栓、拉筝绳、固定等。 计量单位: 100kg

	编 号		7-3-128	7-3-129	7-3-130
	项 目		筒形风帽		
			50kg 以内	100kg 以内	100kg 以外
	名 称	单位	消 耗 量		
人工	合计工日	工日	8.389	3.401	3.293
	其中 普工	工日	3.775	1.531	1.482
	一般技工	工日	3.775	1.530	1.482
	高级技工	工日	0.839	0.340	0.329
材料	热轧薄钢板 δ1.0~1.5	kg	75.720	84.700	84.620
	角钢 60	kg	7.270	17.890	16.630
	扁钢 59 以内	kg	25.970	7.070	7.750
	圆钢 φ5.5~9.0	kg	—	1.000	1.830
	橡胶板 δ1~3	kg	0.380	0.220	0.160
	垫圈 M2~8	10 个	17.290	3.231	2.391
	低碳钢焊条 J427 φ3.2	kg	0.010	0.010	0.010
	碳钢气焊条 φ2 以内	kg	0.070	0.080	0.060
	乙炔气	kg	0.030	0.035	0.026
	氧气	m³	0.080	0.100	0.070
	铁铆钉	kg	0.150	—	—
	其他材料费	%	1.00	1.00	1.00
机械	弧焊机 21kV·A	台班	0.010	0.010	0.010
	台式钻床 16mm	台班	0.400	0.230	0.100
	法兰卷圆机 L40×4	台班	0.140	0.040	0.020

3. 风帽滴水盘制作、安装

工作内容： 1. 制作：放样、下料、卷圆、咬口、铆焊、制法兰及零件、钻孔、组装等。
　　　　　 2. 安装：找正、找平、加垫、上螺栓、固定等。　　　　　　　　　　计量单位：100kg

编　号				7-3-131	7-3-132
项　目				筒形风帽滴水盘	
				15kg 以内	15kg 以外
名　称			单位	消　耗　量	
人工	合计工日		工日	15.945	7.909
	其中	普工	工日	7.176	3.559
		一般技工	工日	7.175	3.559
		高级技工	工日	1.594	0.791
材料	热轧薄钢板 δ1.0~1.5		kg	87.550	93.120
	角钢 60		kg	21.120	18.120
	扁钢 59 以内		kg	12.230	7.130
	圆钢 φ5.5~9.0		kg	—	5.980
	橡胶板 δ1~3		kg	0.590	0.590
	焊接钢管 DN15		kg	1.160	0.310
	低碳钢焊条 J427 φ3.2		kg	0.150	0.150
	碳钢气焊条 φ2 以内		kg	1.400	0.300
	乙炔气		kg	0.610	0.130
	氧气		m³	1.710	0.360
	其他材料费		%	1.00	1.00
机械	弧焊机 21kV·A		台班	0.040	0.040
	台式钻床 16mm		台班	1.400	0.800
	法兰卷圆机 L40×4		台班	0.280	0.110

4. 风帽筝绳、风帽泛水制作、安装

工作内容：1. 制作：放样、下料、卷圆、咬口、焊接、钻孔、组装等。
2. 安装：找正、找平、固定等。

编　号			7-3-133	7-3-134
项　目			风帽筝绳	风帽泛水
			100kg	m²
名　称		单位	消　耗　量	
人工	合计工日	工日	4.900	1.018
	其中 普工	工日	2.205	0.458
	一般技工	工日	2.205	0.458
	高级技工	工日	0.490	0.102
材料	扁钢 59 以内	kg	43.200	1.780
	圆钢 ϕ10~14	kg	60.800	—
	垫圈 M10~20	10 个	10.480	—
	低碳钢焊条 J427 ϕ3.2	kg	0.200	—
	橡胶板 δ1~3	kg	—	2.700
	镀锌薄钢板 δ0.75	m²	—	1.420
	油灰	kg	—	1.500
	其他材料费	%	1.00	1.00
机械	弧焊机 21kV·A	台班	0.100	—
	台式钻床 16mm	台班	0.200	0.010

九、塑料风帽、伸缩节制作、安装

工作内容： 1. 制作：放样、锯切、坡口、制作法兰及零件、钻孔、组合成型等。
2. 安装：制垫、加垫、上螺栓、拉筝绳、固定等。 计量单位：100kg

编　号			7-3-135	7-3-136	7-3-137	7-3-138	7-3-139	7-3-140	7-3-141
项　目			圆伞形风帽	锥形风帽			筒形风帽		
				20kg以内	40kg以内	40kg以外	20kg以内	40kg以内	40kg以外
名　称		单位	消　耗　量						
人工	合计工日	工日	22.947	35.965	24.369	14.591	38.604	22.260	14.687
	其中 普工	工日	10.326	16.184	10.966	6.566	17.372	10.017	6.609
	一般技工	工日	10.326	16.184	10.966	6.566	17.372	10.017	6.609
	高级技工	工日	2.295	3.597	2.437	1.459	3.860	2.226	1.469
材料	软聚氯乙烯板 δ2~8	kg	2.300	1.900	1.100	0.600	1.900	0.900	0.700
	硬聚氯乙烯板 δ2~30	kg	122.000	122.000	122.000	122.000	122.000	122.000	122.000
	垫圈 M2~8	10 个	13.740	13.300	6.280	—	11.800	4.980	3.260
	垫圈 M10~20	10 个	—	—	—	2.520	—	—	—
	硬聚氯乙烯焊条 φ4	kg	5.500	6.000	6.700	3.300	7.300	5.100	4.100
	其他材料费	%	1.00	1.00	1.00	1.00	1.00	1.00	1.00
机械	台式钻床 16mm	台班	0.500	0.400	0.200	0.100	0.400	0.200	0.100
	坡口机 2.8kW	台班	0.300	0.500	0.400	0.200	0.500	0.400	0.200
	电动空气压缩机 0.6m³/min	台班	7.200	10.800	8.700	5.200	10.800	8.700	5.200
	弓锯床 250mm	台班	0.300	0.400	0.300	0.200	0.400	0.300	0.200
	箱式加热炉 45kW	台班	1.900	4.000	1.500	0.600	4.000	1.500	0.600

工作内容： 1. 制作：放样、锯切、坡口、制作套管及伸缩圈、加热成型、焊接等。
　　　　　　2. 安装：找平、找正、连接、固定等。

计量单位：m²

编　号			7-3-142	7-3-143
项　目			柔性接口及伸缩节	
			无法兰	有法兰
名　称		单位	消　耗　量	
人工		合计工日	工日	1.986	5.078
	其中	普工	工日	0.894	2.285
		一般技工	工日	0.894	2.285
		高级技工	工日	0.198	0.508
材料		软聚氯乙烯板 $\delta 2\sim 8$	kg	6.260	7.220
		硬聚氯乙烯板 $\delta 2\sim 30$	kg	—	4.590
		软聚氯乙烯焊条 $\phi 4$	kg	0.550	0.660
		硬聚氯乙烯焊条 $\phi 4$	kg	—	0.310
		垫圈 M2~8	10个	—	2.800
		垫圈 M10~20	10个	—	2.900
		其他材料费	%	1.00	1.00
机械		电动空气压缩机 0.6m³/min	台班	0.730	1.470
		台式钻床 16mm	台班	—	0.160
		坡口机 2.8kW	台班	—	0.100
		弓锯床 250mm	台班	—	0.090
		箱式加热炉 45kW	台班	—	0.170

十、铝板风帽、法兰制作、安装

工作内容: 1. 制作:下料、平料、开孔、钻孔,组对、焊铆、攻丝、清洗焊口、组装固定,
试动、短管、零件、试漏等。
2. 安装:制垫、加垫、找平、找正、组对、固定等。　　　　　　　　　　计量单位:100kg

编　号			7-3-144	7-3-145	7-3-146	7-3-147	7-3-148
项　目			圆伞形风帽	圆形法兰 （气焊、手工氩弧焊）		矩形法兰 （气焊、手工氩弧焊）	
				3kg 以内	3kg 以外	3kg 以内	3kg 以外
名　称		单位	消　耗　量				
人工	合计工日	工日	17.127	27.753	10.800	26.860	11.091
	其中 普工	工日	7.707	12.489	4.860	12.087	4.991
	一般技工	工日	7.707	12.489	4.860	12.087	4.991
	高级技工	工日	1.713	2.775	1.080	2.686	1.109
材料	铝板（各种规格）	kg	71.470	—	—	—	—
	角铝 4×40×40	m	—	98.630	99.310	—	—
	铝带 -59 以内	kg	30.190	—	—	82.700	89.600
	铝垫圈 M10~16	10 个	8.331	—	—	—	—
	橡胶板 $\delta1$~3	kg	1.080	—	—	—	—
	铝焊丝 丝 301 ϕ3.0	kg	0.100	4.700	4.600	12.300	9.100
	铝焊丝 丝 301 ϕ4.0	kg	—	—	—	5.500	10.100
	铝焊粉	kg	0.150	2.800	2.100	8.200	7.100
	乙炔气	kg	0.040	6.040	4.220	1.350	8.480
	氧气	m³	0.110	16.910	11.820	3.780	23.740
	氩气	m³	—	13.000	7.000	3.100	27.600
	耐酸橡胶板 $\delta3$	kg	—	13.800	7.400	23.600	15.900
	其他材料费	%	1.00	1.00	1.00	1.00	1.00
机械	台式钻床 16mm	台班	0.980	1.900	—	—	—
	卷板机 2×1 600（安装用）	台班	0.350	—	—	—	—
	剪板机 6.3×2 000（安装用）	台班	—	3.700	0.800	—	—
	氩弧焊机 500A	台班	—	8.300	3.500	9.600	4.400
	普通车床 400×1 000（安装用）	台班	—	12.000	—	—	—
	普通车床 630×1 400（安装用）	台班	—	—	3.500	—	—
	立式钻床 35mm	台班	—	—	2.900	2.700	1.000
	法兰卷圆机 L40×4	台班	—	0.500	0.500	—	—

十一、玻璃钢风帽安装

工作内容: 组对、组装就位、找平、找正、制垫、加垫、上螺栓、拉筝绳、固定等。　　　　　　　计量单位:100kg

编　号			7-3-149	7-3-150	7-3-151	7-3-152	7-3-153	7-3-154
项　目			圆伞形风帽		锥形风帽		筒形风帽	
			10kg 以内	10kg 以外	25kg 以内	25kg 以外	50kg 以内	50kg 以外
名　称		单位	消　耗　量					
合计工日		工日	4.890	1.980	3.430	2.127	2.470	1.000
人工	其中	普工	工日	2.200	0.891	1.543	0.957	1.112	0.450
		一般技工	工日	2.200	0.891	1.544	0.957	1.111	0.450
		高级技工	工日	0.490	0.198	0.343	0.213	0.247	0.100
材料	玻璃钢管道部件	个	(1.000)	(1.000)	(1.000)	(1.000)	(1.000)	(1.000)
	橡胶板 $\delta1\sim3$	kg	1.300	0.920	0.430	0.320	0.430	0.320
	其他材料费	%	1.00	1.00	1.00	1.00	1.00	1.00
机械	台式钻床 16mm	台班	1.150	0.550	0.540	0.290	1.650	0.940

十二、罩类制作、安装

工作内容: 1. 制作:放样、下料、卷圆、制作罩体、来回弯、零件、法兰,钻孔、铆焊、组合成型等。
2. 安装:埋设支架、吊装、对口、找正、制垫、加垫、上螺栓、固定配重环及钢丝绳等。

计量单位:100kg

编　号			7-3-155	7-3-156	7-3-157	7-3-158	7-3-159
项　目			皮带防护罩		电机防雨罩	侧吸罩	
			B 式	C 式	T110	上吸式	下吸式
名　称		单位	消　耗　量				
人工	合计工日	工日	40.092	28.969	7.477	8.732	7.066
	其中 普工	工日	18.042	13.036	3.364	3.930	3.179
	一般技工	工日	18.041	13.036	3.365	3.929	3.180
	高级技工	工日	4.009	2.897	0.748	0.873	0.707
材料	热轧薄钢板 $\delta 1.0 \sim 1.5$	kg	—	65.700	98.230	70.930	78.490
	热轧薄钢板 $\delta 3.5 \sim 4.0$	kg	4.000	1.900	—	—	—
	钢板 $\delta 4.5 \sim 7.0$	kg	—	—	28.200	—	—
	角钢 60	kg	64.700	12.300	—	40.200	34.820
	扁钢 59 以内	kg	31.300	20.000	—	1.900	1.330
	镀锌钢丝网 $\phi(2.5 \times 67 \times 67) \sim \phi(3 \times 50 \times 50)$	m²	8.600	4.100	—	—	—
	低碳钢焊条 J427 $\phi 3.2$	kg	5.300	2.700	1.100	0.400	0.400
	碳钢气焊条 $\phi 2$ 以内	kg	—	—	3.000	—	—
	乙炔气	kg	—	—	1.300	—	—
	氧气	m³	—	—	3.640	—	—
	铁铆钉	kg	—	—	—	0.090	0.070
	其他材料费	%	1.00	1.00	1.00	1.00	1.00
机械	弧焊机 21kV·A	台班	1.750	0.800	0.750	0.080	0.080
	台式钻床 16mm	台班	0.250	0.080	0.150	0.850	0.850
	法兰卷圆机 L40×4	台班	—	—	—	0.080	0.080

工作内容： 1. 制作：放样、下料、卷圆、制作罩体、来回弯、零件、法兰，钻孔、铆焊、
　　　　　　　　组合成型等。
　　　　　　 2. 安装：埋设支架、吊装、对口、找正、制垫、加垫、上螺栓、固定配重
　　　　　　　　环及钢丝绳等。

计量单位：100kg

编　　　号			7-3-160	7-3-161	7-3-162	7-3-163
项　　　目			中、小型零件焊接台排气罩	整体、分组式槽边侧吸罩	吹、吸式槽边通风罩	各型风罩调节阀
名　　　称		单位	消　耗　量			
人工	合计工日		工日	12.005	12.074	12.221	10.359
	其中	普工	工日	5.402	5.434	5.500	4.662
		一般技工	工日	5.402	5.433	5.499	4.661
		高级技工	工日	1.201	1.207	1.222	1.036
材料	热轧薄钢板 δ1.0~1.5		kg	89.180	—	—	—
	热轧薄钢板 δ2.0~2.5		kg	—	99.140	97.990	35.340
	角钢 60		kg	26.810	10.430	11.480	48.700
	扁钢 59 以内		kg	—	—	—	2.170
	圆钢 ϕ15~24		kg	—	—	—	1.910
	六角螺母 M6~10		10 个	—	—	—	0.850
	低碳钢焊条 J427 ϕ3.2		kg	0.900	1.200	1.600	2.700
	乙炔气		kg	—	2.520	2.610	1.520
	氧气		m³	—	7.060	7.310	4.260
	铁铆钉		kg	0.230	—	—	—
	无石棉橡胶板 高压 δ1~6		kg	0.700	—	—	—
	橡胶板 δ4~15		kg	—	0.500	0.600	2.300
	垫圈 M2~8		10 个	—	—	—	3.400
	垫圈 M10~20		10 个	—	—	—	1.700
	其他材料费		%	1.00	1.00	1.00	1.00
机械	弧焊机 21kV·A		台班	0.080	0.750	0.800	1.500
	台式钻床 16mm		台班	0.650	0.080	0.150	0.650
	普通车床 400×1 000（安装用）		台班	—	—	—	0.350
	卧式铣床 400×1 600（安装用）		台班	—	—	—	0.800

工作内容: 1. 制作:放样、下料、卷圆、制作罩体、来回弯、零件、法兰,钻孔、铆焊、组合成型等。
2. 安装:埋设支架、吊装、对口、找正、制垫、加垫、上螺栓、固定配重环及钢丝绳等。

计量单位:100kg

		编　　号		7-3-164	7-3-165	7-3-166	7-3-167	7-3-168	7-3-169	7-3-170
		项　　目		条缝槽边抽风罩	泥心烘炉排气罩	升降式回转排气罩	上、下吸式圆形回转罩		升降式排气罩	手锻炉排气罩
							墙上、混凝土柱上	钢柱上		
		名　　称	单位				消　耗　量			
人 工		合计工日	工日	12.240	13.034	35.907	7.977	3.646	6.791	5.312
	其 中	普工	工日	5.508	5.866	16.158	3.589	1.640	3.056	2.391
		一般技工	工日	5.508	5.865	16.158	3.590	1.641	3.056	2.390
		高级技工	工日	1.224	1.303	3.591	0.798	0.365	0.679	0.531
材 料		热轧薄钢板 δ1.0~1.5	kg	—	39.300	63.830	45.300	23.090	21.870	—
		热轧薄钢板 δ2.0~2.5	kg	—	—	—	—	—	28.900	99.230
		热轧薄钢板 δ2.6~3.2	kg	111.810	—	—	—	—	—	—
		热轧厚钢板 δ8.0~20	kg	—	—	—	—	35.430	—	—
		角钢 60	kg	8.680	25.100	25.040	41.390	16.210	9.060	9.950
		角钢 63	kg	—	3.020	—	17.390	1.460	—	—
		扁钢 59 以内	kg	—	—	19.220	0.740	0.370	4.750	0.120
		圆钢 φ5.5~9.0	kg	—	—	0.240	—	—	0.980	0.100
		圆钢 φ10~14	kg	—	—	2.400	—	—	0.880	—
		圆钢 φ15~24	kg	—	—	—	0.190	0.090	—	—
		圆钢 φ32 以外	kg	—	—	—	—	—	1.480	—
		槽钢 5#~16#	kg	—	39.560	—	3.880	35.710	—	—
		镀锌六角螺母 M10	10个	—	1.678	—	—	—	—	—
		六角螺母 M6~10	10个	—	—	2.922	—	—	0.375	—
		铜蝶形螺母 M8	10个	—	—	0.488	—	—	—	—
		垫圈 M10~20	10个	—	—	—	—	—	0.375	—
		低碳钢焊条 J427 φ3.2	kg	5.900	0.100	—	0.200	0.200	0.100	1.100
		乙炔气	kg	2.610	—	—	—	—	—	—
		氧气	m³	7.310	—	—	—	—	—	—
		普通无石棉布	kg	—	9.100	—	—	—	—	—
		铁铆钉	kg	—	—	0.350	—	—	—	—
		焊接钢管 DN25	kg	—	—	—	1.650	—	—	—
		开口销 1~5	10个	—	—	—	0.086	—	0.375	—
		细石混凝土 C20	m³	—	—	—	—	0.260	—	—
		钢丝绳 φ4.2	kg	—	—	—	—	—	0.430	—
		橡胶板 δ1~3	kg	—	—	—	—	—	—	0.540
		橡胶板 δ4~15	kg	0.600	—	—	—	—	—	—
		铸铁	kg	—	—	—	—	—	40.130	—
		其他材料费	%	1.00	1.00	1.00	1.00	1.00	1.00	1.00
机 械		弧焊机 21kV·A	台班	0.983	0.017	—	0.033	0.033	0.017	0.183
		台式钻床 16mm	台班	0.150	—	0.350	0.050	0.090	0.050	0.050
		法兰卷圆机 L40×4	台班	—	—	—	0.020	0.020	0.050	0.050
		普通车床 400×1 000(安装用)	台班	—	—	—	—	—	0.300	—

十三、塑料风罩制作、安装

工作内容: 1. 制作:放样、锯切、坡口、加热成型、制作短管、零件及法兰、钻孔、焊接、组合成型等。
2. 安装:制垫、加垫、找正、紧固等。　　　　　　　　　　　　　计量单位:100kg

编　号			7-3-171	7-3-172	7-3-173	7-3-174
项　目			槽边侧吸罩		槽边风罩	
			分组式	整体式	吹	吸
名　称		单位	消　耗　量			
人工	合计工日	工日	35.696	27.176	39.431	25.151
	其中 普工	工日	16.063	12.229	17.744	11.318
	一般技工	工日	16.063	12.229	17.744	11.318
	高级技工	工日	3.570	2.718	3.943	2.515
材料	硬聚氯乙烯板 $\delta 2\sim30$	kg	116.000	122.000	116.000	116.000
	软聚氯乙烯板 $\delta 2\sim8$	kg	5.700	4.300	7.000	3.200
	硬聚氯乙烯焊条 $\phi 4$	kg	8.900	6.600	10.000	5.200
	垫圈 M2~8	10 个	33.230	26.360	48.800	22.420
	其他材料费	%	1.00	1.00	1.00	1.00
机械	台式钻床 16mm	台班	0.500	0.400	0.500	0.400
	坡口机 2.8kW	台班	0.800	0.500	0.800	0.500
	电动空气压缩机 0.6m³/min	台班	12.300	9.000	12.300	9.000
	弓锯床 250mm	台班	0.300	0.200	0.300	0.200
	箱式加热炉 45kW	台班	1.400	0.800	1.400	0.800

工作内容: 1. 制作:放样、锯切、坡口、加热成型、制作短管、零件及法兰、钻孔、
　　　　　　焊接、组合成型等。
　　　　　2. 安装:制垫、加垫、找正、紧固等。　　　　　　　　　　　计量单位:100kg

编　号			7-3-175	7-3-176	7-3-177	7-3-178
项　目			条缝槽边抽风罩			各型风罩调节阀
			周边	单侧	双侧	
名　称		单位	消　耗　量			
人工	合计工日		工日	23.047	23.993	21.004	43.711
	其中	普工	工日	10.371	10.797	9.452	19.670
		一般技工	工日	10.371	10.797	9.452	19.670
		高级技工	工日	2.305	2.399	2.100	4.371
材料	硬聚氯乙烯板 $\delta2\sim30$		kg	116.000	116.000	116.000	116.000
	软聚氯乙烯板 $\delta2\sim8$		kg	1.600	4.000	1.600	19.600
	垫圈 M2~8		10 个	9.890	20.000	9.320	65.480
	硬聚氯乙烯焊条 $\phi4$		kg	5.900	7.000	6.300	14.900
	其他材料费		%	1.00	1.00	1.00	1.00
机械	台式钻床 16mm		台班	0.200	0.200	0.200	0.500
	坡口机 2.8kW		台班	0.500	0.500	0.500	0.800
	电动空气压缩机 0.6m³/min		台班	9.000	9.000	9.000	12.300
	弓锯床 250mm		台班	0.200	0.200	0.200	0.300
	箱式加热炉 45kW		台班	0.800	0.800	0.800	0.800
	普通车床 400×1 000(安装用)		台班	—	—	—	3.000

十四、消声器安装

1. 微穿孔板消声器安装

工作内容：吊托支架制作安装、组对、安装、找正、找平、制垫、上螺栓、固定等。　　　　　　　**计量单位：个**

编　号			7-3-179	7-3-180	7-3-181	7-3-182	7-3-183	7-3-184
项　目			微穿孔板消声器安装　周长（mm 以内）					
			1 800	2 400	3 200	4 000	5 000	6 000
名　称		单位	消　耗　量					
人工	合计工日	工日	1.265	1.797	2.300	3.072	3.910	4.804
	其中 普工	工日	0.569	0.808	1.035	1.382	1.759	2.162
	一般技工	工日	0.569	0.809	1.035	1.383	1.760	2.162
	高级技工	工日	0.127	0.180	0.230	0.307	0.391	0.480
材料	角钢 60	kg	8.130	9.590	14.130	—	—	—
	圆钢（综合）	t	0.005	0.005	0.008	—	—	—
	圆钢 ϕ 10~14	kg	—	—	—	9.260	10.730	10.730
	槽钢 5#~16#	kg	—	—	—	31.570	35.750	38.170
	六角螺母 M6~10	10 个	0.424	0.424	—	—	—	—
	六角螺母 M12~16	10 个	—	—	0.424	0.424	0.424	0.424
	橡胶板 δ1~3	kg	0.410	0.695	0.985	1.370	1.825	2.026
	其他材料费	%	1.00	1.00	1.00	1.00	1.00	1.00

2. 阻抗式消声器安装

工作内容: 吊托支架制作安装、组对、安装、找正、找平、制垫、上螺栓、固定等。　　　　　　　　　计量单位:个

编　号			7-3-185	7-3-186	7-3-187	7-3-188	7-3-189
项　目			阻抗式消声器安装　周长(mm 以内)				
			2 200	2 400	3 000	4 000	5 800
名　称		单位	消　耗　量				
人工	合计工日	工日	1.611	2.281	2.905	4.050	6.014
	其中 普工	工日	0.725	1.026	1.308	1.822	2.707
	一般技工	工日	0.725	1.027	1.307	1.823	2.706
	高级技工	工日	0.161	0.228	0.290	0.405	0.601
材料	角钢 60	kg	8.070	9.320	13.070	16.010	—
	圆钢 ϕ8~14	kg	4.510	5.160	—	—	—
	圆钢 ϕ10~14	kg	—	—	8.140	9.260	10.730
	槽钢 5#~16#	kg	—	—	—	—	34.010
	六角螺母 M6~10	10 个	0.424	0.424	—	—	—
	六角螺母 M12~16	10 个	—	—	0.424	0.424	0.424
	橡胶板 δ1~3	kg	0.400	0.533	0.630	0.840	1.810
	其他材料费	%	1.00	1.00	1.00	1.00	1.00

3. 管式消声器安装

工作内容：吊托支架制作安装、组对、安装、找正、找平、制垫、上螺栓、固定等。 计量单位：个

编　号				7-3-190	7-3-191	7-3-192	7-3-193
项　目				管式消声器安装　周长（mm 以内）			
				1 280	2 400	3 200	4 000
名　称			单位	消　耗　量			
人工	合计工日		工日	0.922	1.313	1.686	2.095
	其中	普工	工日	0.415	0.591	0.758	0.942
		一般技工	工日	0.415	0.591	0.759	0.943
		高级技工	工日	0.092	0.131	0.169	0.210
材料	角钢 60		kg	3.460	7.140	7.550	9.320
	圆钢 $\phi 8 \sim 14$		kg	2.500	3.870	5.160	5.160
	六角螺母 M6~10		10 个	0.424	—	—	—
	六角螺母 M12~16		10 个	—	0.424	0.424	0.424
	橡胶板 $\delta 1 \sim 3$		kg	0.310	0.720	0.910	1.190
	其他材料费		%	1.00	1.00	1.00	1.00

4. 消声弯头安装

工作内容：找标高、起吊、对口、找正、找平、制垫、加垫、上螺栓、固定等。 计量单位：个

编　号				7-3-194	7-3-195	7-3-196	7-3-197	7-3-198	7-3-199	7-3-200	7-3-201
项　目				消声弯头安装　周长（mm 以内）							
				800	1 200	1 800	2 400	3 200	4 000	6 000	7 200
名　称			单位	消　耗　量							
人工	合计工日		工日	0.581	0.702	0.817	1.654	2.058	2.373	4.115	4.938
	其中	普工	工日	0.261	0.316	0.367	0.745	0.926	1.068	1.851	2.222
		一般技工	工日	0.262	0.316	0.368	0.744	0.926	1.068	1.852	2.222
		高级技工	工日	0.058	0.070	0.082	0.165	0.206	0.237	0.412	0.494
材料	角钢 60		kg	3.390	3.770	4.180	7.720	9.120	13.520	—	—
	圆钢（综合）		kg	2.500	2.500	2.500	4.510	5.160	—	—	—
	圆钢 $\phi 10 \sim 14$		kg	—	—	—	—	—	7.410	8.520	8.520
	槽钢 5#~16#		kg	—	—	—	—	—	—	31.400	36.850
	镀锌六角螺母 M12		10 个	—	—	—	—	—	4.240	—	—
	六角螺母 M12~16		10 个	—	—	—	—	—	—	0.424	0.424
	六角螺母 M8		10 个	0.424	0.424	0.424	—	—	—	—	—
	六角螺母 M10		10 个	—	—	—	0.424	0.424	—	—	—
	橡胶板 $\delta 1 \sim 3$		kg	0.210	0.262	0.381	0.501	0.695	0.882	1.495	2.168
	其他材料费		%	1.00	1.00	1.00	1.00	1.00	1.00	1.00	1.00

十五、消声静压箱安装

工作内容: 吊装、组对、制垫、加垫、找平、找正、紧固固定等。　　　　　　　　　　　　　　计量单位: 个

编　号			7-3-202	7-3-203	7-3-204
项　目			消声静压箱安装 展开面积（m² 以内）		
			5	10	20
名　称		单位	消　耗　量		
合计工日		工日	2.709	2.973	3.469
人工	其中	普工	工日	1.219	1.338	1.561
		一般技工	工日	1.219	1.338	1.561
		高级技工	工日	0.271	0.297	0.347
材料	耐酸橡胶板 $\delta 3$	kg	4.442	7.089	11.472
	其他材料费	%	1.00	1.00	1.00
机械	立式钻床 35mm	台班	0.450	0.690	0.738

十六、静压箱制作、安装

工作内容： 1. 制作：放样、下料、折方、咬口、开孔、制作箱体、出口短管及加固框、
铆铆钉、嵌缝、焊锡等。
2. 安装：找标高、挂葫芦、吊装、找平、找正、固定等。　　　　**计量单位：10m²**

编　号			7-3-205
项　目			静压箱
名　称		单位	消　耗　量
人工	合计工日	工日	11.956
	其中 普工	工日	5.380
	一般技工	工日	5.380
	高级技工	工日	1.196
材料	镀锌薄钢板 $\delta1.0$	m²	（11.490）
	角钢 60	kg	43.530
	镀锌铆钉 M4	kg	0.100
	密封胶 KS 型	kg	2.600
	洗涤剂	kg	7.770
	白布	m²	0.200
	白绸	m²	0.200
	聚氯乙烯薄膜	kg	0.070
	塑料打包带	kg	0.100
	其他材料费	%	1.00
机械	弧焊机 21kV·A	台班	0.300
	剪板机 6.3×2 000（安装用）	台班	0.100

第四章　人防设备及部件制作、安装

说　明

一、本章内容包括人防排气阀门安装，人防手动密闭阀门安装，人防双连杆型手电动两用密闭阀门安装，人防其他部件制作、安装等项目。

二、手（电）动密闭阀安装子目包括一副法兰，两副法兰螺栓及橡胶石棉垫圈。如为一侧接管时，人工乘以系数0.60，材料、机械乘以系数0.50。不包括吊托支架制作与安装，如发生按本册第一章"通风空调设备及部件制作、安装"子目另行计算。

三、有关说明：

1. 除尘过滤器、过滤吸收器安装子目不包括支架制作与安装，其支架制作与安装执行本册第一章"通风空调设备及部件制作、安装"子目。

2. 探头式含磷毒气报警器安装包括探头固定数和三角支架制作与安装，报警器保护孔按建筑预留考虑。

3. γ射线报警器探头安装孔子目按钢套管编制，地脚螺栓（M12×200，6个）按与设备配套编制。包括安装孔孔底电缆穿管，但不包括电缆敷设。如设计电缆穿管长度大于0.5m，超过部分另外执行相应子目。

4. 密闭穿墙管子目填料按油麻丝、黄油封堵考虑，如填料不同，不做调整。

5. 密闭穿墙管制作与安装分类：Ⅰ型为薄钢板风管直接浇入混凝土墙内的密闭穿墙管；Ⅱ型为取样管用密闭穿墙管；Ⅲ型为薄钢板风管通过套管穿墙的密闭穿墙管。

6. 密闭穿墙管按墙厚0.3m编制，如与设计墙厚不同，管材可以换算，其余不变；Ⅲ型穿墙管项目不包括风管本身。

工程量计算规则

一、人防通风机安装按设计图示数量计算,以"台"为计量单位。

二、人防各种调节阀制作与安装按设计图示数量计算,以"个"为计量单位。

三、LWP 型滤尘器制作与安装按设计图示尺寸以面积计算,以"m²"为计量单位。

四、探头式含磷毒气及 γ 射线报警器安装按设计图示数量计算,以"台"为计量单位。

五、过滤吸收器、预滤器、除湿器等安装按设计图示数量计算,以"台"为计量单位。

六、密闭穿墙管制作与安装按设计图示数量计算,以"个"为计量单位。密闭穿墙管填塞按设计图示数量计算,以"个"为计量单位。

七、测压装置安装按设计图示数量计算,以"套"为计量单位。

八、换气堵头安装按设计图示数量计算,以"个"为计量单位。

九、波导窗安装按设计图示数量计算,以"个"为计量单位。

一、人防排气阀门安装

工作内容: 开箱检查、除污锈、固定、紧螺栓、试动、涂防腐油等。 计量单位:个

编　号			7-4-1	7-4-2	7-4-3	7-4-4	7-4-5	7-4-6
项　目			YF 型自动防爆排气阀门		PS 型超压排气阀门		FCH 型防爆超压排气阀门	
			直径 200 (mm)		直径 250 (mm)			
			密闭套管制作、安装	阀安装	密闭套管制作、安装	阀安装	密闭套管制作、安装	阀安装
名　称		单位	消　耗　量					
人工	合计工日	工日	0.608	1.627	0.608	1.862	1.078	1.725
	其中 普工	工日	0.274	0.732	0.274	0.838	0.485	0.777
	一般技工	工日	0.273	0.732	0.273	0.838	0.485	0.776
	高级技工	工日	0.061	0.163	0.061	0.186	0.108	0.172
材料	排气阀门	个	—	(1.000)	—	(1.000)	—	(1.000)
	热轧薄钢板 δ2.0~2.5	kg	4.560	6.570	4.790	8.470		
	角钢 60	kg		2.100				
	扁钢 59 以内	kg	1.190	—	1.230	2.900	1.310	1.430
	低碳钢焊条 J427 φ3.2	kg	0.220	0.230	0.230	0.240	0.200	0.210
	乙炔气	kg	0.015	—	0.015	—	0.080	0.065
	氧气	m³	0.040	—	0.040	—	0.210	0.170
	无石棉橡胶板 δ3~6	kg	—	0.850	—	1.780	—	2.630
	水泥 P·O 42.5	kg	—	11.900	—	18.900	—	18.900
	物流无石棉绒	kg		5.110		8.090		8.090
	油麻	kg		2.440		3.860		3.860
	黄干油	kg		0.600		0.700		0.700
	无缝钢管 D325×7	m					0.450	
	其他材料费	%	1.00	1.00	1.00	1.00	1.00	1.00
	焊接钢管 DN250	m	—	—	—	—	—	0.480
机械	弧焊机 21kV·A	台班	0.090	0.060	0.090	0.060	0.090	0.090
	台式钻床 16mm	台班		0.030		0.030		0.030
	法兰卷圆机 L40×4	台班		0.020		0.020		0.020

二、人防手动密闭阀门安装

工作内容： 开箱检查、除污锈、制法兰、定位、对口、校正、紧螺栓、试动、涂防腐油等。　　　**计量单位：** 个

编　号			7-4-7	7-4-8	7-4-9	7-4-10	7-4-11	7-4-12	7-4-13
项　目			手动密闭阀门　直径（mm 以内）						
			200	300	400	500	600	800	1 000
名　称		单位	消　耗　量						
人工	合计工日	工日	1.911	2.568	3.861	4.253	5.008	6.899	8.438
	其中　普工	工日	0.860	1.156	1.737	1.914	2.253	3.104	3.797
	一般技工	工日	0.860	1.155	1.738	1.914	2.254	3.105	3.797
	高级技工	工日	0.191	0.257	0.386	0.425	0.501	0.690	0.844
材料	人防密闭阀门	个	（1.000）	（1.000）	（1.000）	（1.000）	（1.000）	（1.000）	（1.000）
	扁钢 59 以内	kg	2.420	4.140	8.440	16.680	19.260	29.220	35.680
	无石棉橡胶板 δ3~6	kg	0.660	0.800	1.380	1.660	1.720	2.320	2.900
	低碳钢焊条 J427 φ3.2	kg	0.380	0.520	0.710	0.920	1.060	1.320	1.580
	黄干油	kg	0.600	0.800	1.200	1.600	2.000	2.400	2.800
	其他材料费	%	1.00	1.00	1.00	1.00	1.00	1.00	1.00
机械	弧焊机 21kV·A	台班	0.430	0.640	0.790	0.880	1.010	1.730	2.090
	立式钻床 50mm	台班	0.240	0.290	0.350	0.400	0.500	0.730	1.020
	普通车床 400×1 000（安装用）	台班	0.120	0.140	0.170	0.330	0.350	0.420	0.490

三、人防双连杆型手电动两用密闭阀门安装

工作内容：开箱检查、除污锈、制法兰、定位、对口、校正、紧螺栓、试动、涂防腐油等。 计量单位：个

		编　号		7-4-14	7-4-15	7-4-16	7-4-17	7-4-18	7-4-19	7-4-20
		项　目		双连杆型手电动两用密闭阀门 直径（mm 以内）						
				200	300	400	500	600	800	1 000
		名　称	单位	消 耗 量						
人工		合计工日	工日	2.102	2.696	4.054	4.423	5.008	6.899	8.657
	其中	普工	工日	0.946	1.213	1.824	1.990	2.254	3.105	3.896
		一般技工	工日	0.946	1.213	1.824	1.990	2.254	3.105	3.896
		高级技工	工日	0.210	0.270	0.406	0.443	0.500	0.689	0.865
材料		人防密闭阀门	个	（1.000）	（1.000）	（1.000）	（1.000）	（1.000）	（1.000）	（1.000）
		扁钢 59 以内	kg	2.779	4.624	8.686	16.423	19.517	29.528	36.124
		无石棉橡胶板 $\delta 3\sim 6$	kg	0.870	0.998	1.462	1.609	1.766	2.369	2.973
		低碳钢焊条 J427 $\phi 3.2$	kg	0.380	0.520	0.710	0.920	1.060	1.320	1.580
		黄干油	kg	0.600	0.800	1.200	1.600	2.000	2.400	2.800
		其他材料费	%	1.00	1.00	1.00	1.00	1.00	1.00	1.00
机械		弧焊机 21kV·A	台班	0.430	0.640	0.790	0.880	1.010	1.730	2.090
		立式钻床 50mm	台班	0.240	0.387	0.467	0.533	0.667	0.730	1.020
		普通车床 400×1 000（安装用）	台班	0.120	0.140	0.170	0.330	0.350	0.420	0.490

四、人防其他部件制作、安装

1. 人防通风机安装

工作内容: 开箱检查设备、附件、底座螺栓、吊装、找平、找正、加垫、灌浆、螺栓固定等。　　　　**计量单位:**台

编　号				7-4-21	7-4-22
项　目				手摇、电动两用风机	脚踏、电动两用风机
名　称			单位	消　耗　量	
人工	合计工日		工日	1.441	1.872
	其中	普工	工日	0.649	0.843
		一般技工	工日	0.648	0.842
		高级技工	工日	0.144	0.187
材料	水泥 P·O 42.5		kg	2.980	3.580
	砂子		kg	8.000	10.000
	碎石 0.5~3.2		kg	12.000	15.000
	水		m³	0.002	0.002
	其他材料费		%	1.00	1.00

2.防护设备安装

（1）LWP型滤尘器安装

工作内容： 放样、下料、制作框架零件、油槽、封板、浸油、找平、找正、稳固、包边、抹腻子等。

计量单位：m²

		编　号		7-4-23	7-4-24	7-4-25	7-4-26
		项　目		LWP型滤尘器安装			
				立式	人字式	卧式	匣式
		名　称	单位	消　耗　量			
人工		合计工日	工日	1.735	2.499	3.028	7.879
	其中	普工	工日	0.781	1.124	1.362	3.545
		一般技工	工日	0.781	1.125	1.363	3.546
		高级技工	工日	0.173	0.250	0.303	0.788
材料		热轧薄钢板 δ1.0~1.5	kg	3.700	12.950	21.700	—
		热轧薄钢板 δ2.0~2.5	kg	—	21.170	—	—
		热轧薄钢板 δ2.6~3.2	kg	—	—	—	9.200
		角钢 63	kg	4.260	8.500	—	—
		角钢 60	kg	12.600	—	16.000	47.770
		扁钢 59 以内	kg	3.330	1.370	3.420	2.600
		圆钢 φ10~14	kg	—	—	—	0.830
		铁铆钉	kg	0.070	0.200	—	0.380
		低碳钢焊条 J427 φ3.2	kg	0.150	—	—	0.660
		锭子油	kg	2.500	2.500	2.500	—
		橡胶板 δ1~3	kg	—	—	—	0.090
		其他材料费	%	1.00	1.00	1.00	1.00
		石油沥青油毡 350#	m²	0.250	0.660	—	—
机械		弧焊机 21kV·A	台班	0.025	—	—	0.110
		台式钻床 16mm	台班	0.170	0.310	0.370	0.470

（2）毒气报警器安装

工作内容： 放样、下料、制作框架零件、浸油、安装、找正、找平、固定、开箱检查、
　　　　　除污锈、上螺栓等。

计量单位：台

编　号				7-4-27	7-4-28
项　目				探头式含磷毒气报警器	γ射线报警器
名　称			单位	消　耗　量	
人工	合计工日		工日	0.833	0.461
	其中	普工	工日	0.375	0.208
		一般技工	工日	0.375	0.207
		高级技工	工日	0.083	0.046
材料	钢板 δ4.5~7.0		kg	—	0.530
	热轧厚钢板 δ8.0~15.0		kg	6.030	—
	角钢 60		kg	5.640	—
	合页		副	2.000	—
	乙炔气		kg	0.630	0.540
	氧气		m³	0.210	0.180
	低碳钢焊条 J427 φ3.2		kg	0.050	0.120
	焊接钢管 DN65		m	—	0.500
	焊接钢管 DN100		m	—	0.170
	其他材料费		%	1.00	1.00
机械	弧焊机 21kV·A		台班	0.020	0.050
	台式钻床 16mm		台班	0.050	—

（3）过滤吸收器、预滤器、除湿器安装

工作内容： 开箱检查、基础面处理、测量、吊装就位、上垫铁、找正、找平、紧固地脚
螺栓、垫铁点焊、现场清理、挂牌、标色、单机试运转等。　　　　　　　　计量单位：台

编　号			7-4-29	7-4-30	7-4-31	7-4-32	7-4-33	7-4-34
项　目			过滤吸收器				预滤器	除湿器
			61-300	81-300	61-500	77-500		
名　称		单位	消　耗　量					
人工	合计工日	工日	1.539	1.234	1.539	1.539	1.539	6.280
	其中 普工	工日	0.693	0.555	0.693	0.693	0.693	2.826
	一般技工	工日	0.692	0.555	0.692	0.692	0.692	2.826
	高级技工	工日	0.154	0.124	0.154	0.154	0.154	0.628
材料	柔性接头 D156	个	—	—	（1.000）	—	—	—
	柔性接头 D200	个	（2.000）	—	（1.000）	（2.000）	（2.000）	—
	橡胶短接管 D150	个	—	（2.000）	—	—	—	—
	角钢 60	kg	3.800	—	3.600	3.800	3.800	—
	紫铜管 φ4~13	kg	0.040	0.040	0.040	0.040	0.040	—
	橡皮管 φ6	m	0.200	—	0.200	—	0.200	—
	橡皮管 φ10	m	—	0.200	0.200	0.200	—	—
	低碳钢焊条 J427 φ2.5	kg	0.240	—	0.230	0.240	—	—
	银铜焊丝	kg	0.006	0.006	0.006	0.006	0.006	—
	氧气	m³	0.024	0.024	0.024	0.024	0.024	—
	乙炔气	kg	0.009	0.009	0.009	0.009	0.009	—
	硼砂	kg	0.014	0.014	0.014	0.014	0.014	—
	连接箍 δ150	个	—	4.000	—	—	—	—
	棉纱	kg	—	—	—	—	—	0.500
	煤油	kg	—	—	—	—	—	1.000
	其他材料费	%	1.00	1.00	1.00	1.00	1.00	1.00
机械	弧焊机 21kV·A	台班	0.240	0.240	0.240	0.240	0.240	—
	台式钻床 16mm	台班	0.110	0.110	0.110	0.110	0.110	—
	法兰卷圆机 L40×4	台班	0.130	0.130	0.130	0.130	0.130	—
	电动单筒慢速卷扬机 50kN	台班	—	—	—	—	—	0.100

（4）密闭穿墙管制作、安装

工作内容：放样、下料、卷圆、制直管、密闭肋等。 　　　　　　　　　　　　　　　　　　　　计量单位：个

编　号			7-4-35	7-4-36	7-4-37	7-4-38	7-4-39	7-4-40	7-4-41
项　目			密闭穿墙管制作、安装（直径 mm 以内）						
			Ⅰ 型			Ⅱ 型	Ⅲ 型		
			315	666	1 242	20	349	700	1 276
名　称		单位	消　耗　量						
人工	合计工日		工日	0.627	1.039	1.803	0.343	0.588	0.902	1.490
	其中	普工	工日	0.282	0.468	0.812	0.155	0.264	0.406	0.671
		一般技工	工日	0.282	0.467	0.811	0.154	0.265	0.406	0.670
		高级技工	工日	0.063	0.104	0.180	0.034	0.059	0.090	0.149
材料	热轧薄钢板 $\delta2.0\~2.5$		kg	8.550	18.070	33.700	—	5.680	11.400	20.780
	钢板 $\delta4.5\~7.0$		kg	—	—	—	0.200	—	—	—
	扁钢 59 以内		kg	1.210	2.570	4.790	—	1.500	2.860	5.070
	低碳钢焊条 J427 $\phi3.2$		kg	0.270	0.570	0.940	0.010	0.270	0.550	0.920
	镀锌钢管 DN20		m	—	—	—	0.520	—	—	—
	螺纹截止阀 J11T-16 DN20		个	—	—	—	1.000	—	—	—
	乙炔气		kg	—	—	—	0.010	—	—	—
	氧气		m³	—	—	—	0.040	—	—	—
	镀锌弯头 DN20		个	—	—	—	1.000	—	—	—
	其他材料费		%	1.00	1.00	1.00	1.00	1.00	1.00	1.00
机械	剪板机 6.3×2 000（安装用）		台班	0.020	0.020	0.040	—	0.020	0.020	0.040
	卷板机 2×1 600（安装用）		台班	0.002	0.002	0.004	—	0.002	0.002	0.004
	弧焊机 21kV·A		台班	0.060	0.130	0.330	0.070	0.060	0.125	0.323

（5）密闭穿墙管填塞

工作内容：清理、放置钢筋、填填料等。　　　　　　　　　　　　　**计量单位：**个

编　号			7-4-42	7-4-43	7-4-44
项　目			公称直径（mm 以内）		
			349	700	1 276
名　称		单位	消　耗　量		
人工	合计工日		工日	0.872	1.186	1.499
	其中	普工	工日	0.393	0.533	0.674
		一般技工	工日	0.392	0.534	0.675
		高级技工	工日	0.087	0.119	0.150
材料	镀锌圆钢 ϕ10~14		kg	0.990	2.010	3.650
	黄干油		kg	0.590	1.200	2.190
	油麻		kg	0.850	1.720	3.150
	其他材料费		%	1.00	1.00	1.00

（6）测压装置安装

工作内容：测压板制作安装、测压装置安装等。　　　　　　　　　　**计量单位：**套

编　号			7-4-45
项　目			测压装置
名　称		单位	消　耗　量
人工	合计工日		工日	2.597
	其中	普工	工日	1.168
		一般技工	工日	1.169
		高级技工	工日	0.260
材料	测压装置		套	（1.000）
	板枋材		m³	0.006
	熟桐油		kg	0.120
	圆钉 ϕ5 以内		kg	0.010
	其他材料费		%	1.00

（7）换气堵头安装

工作内容: 堵头安装。　　　　　　　　　　　　　　　　　　　　　　　计量单位:个

编　号				7-4-46
项　目				换气堵头安装
				D315
名　称			单位	消　耗　量
人工	合计工日		工日	0.500
	其中	普工	工日	0.225
		一般技工	工日	0.225
		高级技工	工日	0.050
材料	换气堵头		个	（1.000）
	无石棉橡胶板 高压 $\delta1\sim6$		kg	0.400
	其他材料费		%	1.00

（8）波导窗安装

工作内容: 找正、找平、固定等。　　　　　　　　　　　　　　　　　　　计量单位:个

编　号				7-4-47
项　目				波导窗
名　称			单位	消　耗　量
人工	合计工日		工日	0.167
	其中	普工	工日	0.075
		一般技工	工日	0.075
		高级技工	工日	0.017
材料	波导窗		个	（1.000）
	其他材料费		%	1.00

附　　录

一、风管、部件参数表

1. 每单片导流片的近似面积见矩形弯管内每单片导流片面积表。

矩形弯管内每单片导流片面积表

规格 B（mm）	200	250	320	400	500	630	800	1 000	1 250	1 600	2 000
面积（m²）	0.075	0.091	0.114	0.14	0.17	0.216	0.273	0.425	0.502	0.623	0.755

注：B 为风管的高度。

2. 在计算风管长度时，应减除的长度见下表。

风管部件长度表（一） 单位：mm

项目	蝶阀	止回阀	密闭式对开多叶调节阀	圆形风管防火阀	矩形风管防火阀
长度（L）	150	300	210	一般为 300~380	一般为 300~380

风管部件长度表（二） 单位：mm

项目	密闭式斜插板阀															
直径（D）	80	85	90	95	100	105	110	115	120	125	130	135	140	145	150	155
长度（L）	280	285	290	300	305	310	315	320	325	330	335	340	345	350	355	360
直径（D）	160	165	170	175	180	185	190	195	200	205	210	215	220	225	230	235
长度（L）	365	365	370	375	380	385	390	395	400	405	410	415	420	425	430	435
直径（D）	240	245	250	255	260	265	270	275	280	285	290	300	310	320	330	340
长度（L）	440	445	450	455	460	465	470	475	480	485	490	500	510	520	530	540

二、综合吊装机械含量表

综合吊装机械含量表

序号	机械名称	规格	占比（%）
1	汽车式起重机	8t	30
2	施工电梯	单栏	20
3		双栏	20
4	卷扬机	单筒快速 10kN	10
5		单筒慢速 10kN	10
6		单筒慢速 30kN	5
7		单筒慢速 50kN	5

主编单位：电力工程造价与定额管理总站

专业主编单位：天津市建筑市场服务中心

计价依据编制审查委员会综合协商组：胡传海　王海宏　吴佐民　王中和　董士波
冯志祥　褚得成　刘中强　龚桂林　薛长立
杨廷珍　汪亚峰　蒋玉翠　汪一江

计价依据编制审查委员会专业咨询组：薛长立　蒋玉翠　杨　军　张　鑫　李　俊
余铁明　庞宗琨

编制人员：高　迎　杨　军　范　姝　张依琛　邢玉军

专业内部审查专家：杨树海　陈友林　李春林　徐　敏　柳向辉　施水明　李文同
王海娜

审查专家：薛长立　蒋玉翠　张　鑫　杜浐阳　杨晓春　兰有东　周文国　汪　洋
刘和平

软件支持单位：成都鹏业软件股份有限公司

软件操作人员：杜　彬　赖勇军　孟　涛　可　伟